부모가
처음인
　　당신에게

부모가 처음인 당신에게

초판 발행	2026년 2월 1일
글	김영한
펴낸이	박정우
편집	박세리
디자인	디자인 이상
펴낸곳	출판사 시월
출판등록	2019년 10월 1일 제 406-2019-000107호
주 소	경기도 고양시 일산동구 문봉길62번길 89-23
전 화	070-8628-8765
E-mail	poemoonbook@gmail.com

ⓒ 김영한

ISBN 979-11-91975-32-1 (03590)

부모가
처음인

김영한 지음

당신에게

'자세히 보아야 예쁘다'는 시구는 옳다. 처음엔 '왜 저래?' 싶던 사람이라도 찬찬히 사연을 들어보면 다들 그렇게 살아가는 이유가 있다. 알면 이해가 되고, 비로소 사랑이 싹튼다. 이런 과정을 주고받다 보면 우리는 조금 더 행복해지고, 어제보다 더 나은 사람이 된다.

저자는 오랜 세월 수많은 가족을 만나 서로를 '자세히' 볼 수 있도록 도왔다. "내가 다 안다"라며 넘겨짚는 것이 아니라, 직접 상대방이 되어 보고 가슴으로 체험하게 했다. 비난당하는 게 얼마나 괴로운지, 상대가 소리를 지를 때 얼마나 숨이 막히는지, 사과 한마디에 다시 상대를 존중하게 되고 다정한 말 한마디에 얼어붙은 마음이 녹아내리는 그 경이로운 경험을 선물해 온 사람이다.

그 귀한 경험들을 엮어 이 한 권의 책이 세상에 나왔다. 처음엔 치료자로 살아가는 나에게 도움이 될 거라 생각했는데, 읽다 보니 나의 온 인생을 되짚는 계기가 되었다. 조건부 사랑이 범람하는 세상 속에서, 더 이상 상처가 대물림되지 않도록 우리를 감싸 안아주는 담요 같은 책이다. 이 책이 당신의 마음속 어린아이를 달래고, 사랑하는 가족과 다시 연결되는 통로가 되어주길 바란다.

우리 아이들에게
빛을
2025

CASE. 0

괜찮나요,
당신의 마음 속 어린아이는...

나는 마음의 상처를 보듬고 어루만지며 치유를 돕는 심리극 상담 전문가입니다. 매번 누군가의 마음 가장 깊숙한 곳으로 들어간다는 건 나 자신을 소진하는 일이기도 했습니다. 나는 종종 도망치고 싶었지만 끝내 떠나지 못했고, 그렇게 32년이 흘렀습니다. 내가 계속 이 길을 걸어온 이유는 분명합니다. 기억 깊숙이 묻어두었던 아픔을 털어내고 제 자리를 찾아가는 사람들, 무너지고 망가졌던 관계가 다시 이어지는 가족을 보는 기쁨이 모든 수고를 상쇄하고도 남았기 때문입니다. 그래서 이 책은 내가 온 마음을 다해 걸어온 발자취이자 지난 세월의 기록이며, 동시에 상처 입은 마음이 다시 제 자리를 찾아가도록 돕고 싶은 간절한 바람이기도 합니다.

사실 요즘에는 '방법을 몰라서' 헤매는 부모는 많지 않은 것 같습니다. 조금만 노력하면 온갖 정보가 쏟아지는 시대잖아요. 서점에는 수많은 육아서가 있고, 유튜브나 인스타그램 같은 SNS에 '육아'를 검색하면 아이를 잘 키우는 비법이 끝없이 눈앞에 펼쳐집니다.

그런데도 왜 부모와 자녀 사이에는 여전히 갈등이 생기고, 가정마다 비슷한 문제가 반복될까요? 단순히 '몰라서'라고 설명하기에는 부족합니다. 내가 출연하는 '이혼숙려캠프'나 '요즘 육아 금쪽같은 내 새끼'에 등장하는 분들도 마찬가지입니다. 그들도 한때는 누구보다 다정한 남편과 현명한 아내, 따뜻하게 품어 주는 부모를 꿈꿨을 테고, 가족 모두가 함께하는 평온한 식탁과 웃음이 가득한 집을 바랐을 겁니다.

그런데 정작 실상은 어떤가요? 소소한 대화가 언성이 높아지는 말다툼으로 번지고, 따뜻해야 할 식탁에는 차가운 침묵만이 내려앉고, 서로의 눈빛을 피한 채 하루를 마무리하는 날들이 쌓여 갑니다. 누구도 오늘의 장면을 예상하거나, 원하지 않았을 것입니다.

왜 그렇게 되었을까요? 나는 결국 정답은 알지만 그 순간 그렇게 하지 못하게 만드는 부정의 그림자가 드리워져 있기 때문이라고 생각합니다.

예를 들어, 아이를 키우다 보면 한 번쯤 다툼이나 갈등의 순간이 찾아옵니다. 아이가 학교에 다녀온 뒤에 엄마가 뭘 물어봤는데 이유는 알 수 없지만 화를 내며 문을 '쾅' 닫고 방으로 들어가 버리는 경우 같은 것을 말하죠. 이렇게 부모로 인해 아이의 감정이 갑자기 급발진하는 상황을 직면하면 부모는 당황하고 화가 나기 일쑤입니다.

그런데 이때 어떻게 대처해야 할지는 대부분 알고 있습니다. 아이에게 시간을 주고, 감정이 가라앉은 뒤 다시 대화를 시도해야 합니다. 책이나 유튜브 어디를 봐도 "차분하게 대화하라"고 하니까요.

그럼에도 실제 우리의 삶에서는 문을 발로 차거나, 고성을 지르거나, 행동으로 아이를 제압하는 경우가 훨씬 많습니다. 그리고는 "라떼는 더 했다"는 말로 스스로 합리화합니다. 가끔 후회하고 자신의 양육 태도를 돌아보는 사람도 있지만, 그렇다고 행동이 멈추지는 않습니다. 방법을 몰라서가 아니라, 알면서도 반복되는 패턴에 갇혀 있기 때문입니다.

그 반복의 가장 중요한 원인 중 하나는 부모 자신의 상처입니다. 심리학에서는 이를 '미해결 과제' 혹은 '내면의 상처'라고 부릅니다. 성장 과정에서 받은 상처와 억눌린 감정이 치유되지 않은 채 남아 있으면, 비슷한 장면에서 무의식적으로 반응이 촉발됩니다. 아이의 행동이 현재의 문제가 아니라 과거의 나를 자극하는 기폭제가 되는 것이죠.

좋은 부모가 되려면 먼저 스스로를 돌아봐야 합니다

'요즘 육아 금쪽같은 내새끼'에서 내가 심리극 상담을 하는 장면은 짧게 나오지만, 실제로는 두 시간 가까이 진행됩니다. 아이가 '금쪽이'가 된 이유는 대부분 부모의 상처와 이로 인한 양육 태도와 깊이 연결되어 있기 때문입니다. 그 상처를 건너뛰고 아이의 문제를 다루기는 어렵습니다. 부모의 상처가 치유되어야 비로소 아이의 마음이 보이고, 아이의 마음을 보아야 아이의 상처도 치유될 수 있습니다. 그래서 나는 이 책을 읽는 분들 또한 스스로에게도 물어보면 좋겠습니다.

'나는 혹시 어릴 때 부모님 혹은 타인에게서 받은, 아직 풀리지 않은 상처가 있지 않을까?', '내가 부모로부터 채우지 못한 정서적인 감정은 무엇일까?'

나는 이 질문이야말로 좋은 부모가 되기 위한 핵심이라고 믿습니다. 아이를 잘 키우기 위한 지식만큼이나 중요한 것은 부모가 먼저 자신의 상처를 직면하고 치유하는 과정입니다. 물론 인간의 몸과 마음과 삶은 몇 시간짜리 강연이나 책 한 권으로 쉽게 바뀌지 않습니다. 그만큼 복잡하고 섬세합니다. 여러분이 이 책을 읽어도 내일의 양육 태도가 오늘과 크게 달라지지 않을 가능성이 훨씬 높습니다. 그러나 한 번이라도 자기 마음을 들여다본 사람과 그렇지 않은 사람은 분명 다릅니다. 잠시 멈추어 서서 '무엇이 나를 이렇게 반응하게 만들까?'라고 질문해 보는 경험은 아주 작은 균열이지만 그 균열이 삶의 방향을 바꿀 수도 있습니다. 상처를 외면하면 같은 장면에서 같은 후회를 반복하지만 상처를 직면해 본 사람은 같은 상황에서 멈추어 설 힘을 얻습니다. 물론 쉽지 않은 일입니다. 살아온 방식을 바꾸고, 아이를 대하는 태도를 바꾸는 일은 때로 살점을 도려내고 뼈를 깎는 듯한 고통을 수반합니다. 그럼에도 스스로를 바꾸려는 사람들이 분명히 있습니다.

그 대표적인 사례가 방송에서 만났던, 이른바 '방치하는 부모'였습니다. 이 가정의 아이는 초등학교 6학년인 남자였는데, 집에 오면 새벽 4~5시까지 게임을 하곤 했습니다. 그러다 보니 학교를 빠지는 일도 잦았습니다. 어머니가 "○○아, 이제 그만하자"라고 말하면 아이는 욕설을 퍼붓고, 폭력적 행동으로 반응했습니다. 학교에서도 친구가 조금만 기분 나쁘게 해도 분노를 폭발하곤 했어요. 전형적으로 분노 조절에 어려움을 보이는 아이였습니다.

이때 아버지는 어떻게 했을까요? 철저한 무관심과 방관으로 일관했습니다. 아이가 어머니를 때리려는 상황에서도 개입하지 않았고, 심지어 침대에 누워 버리기도 했습니다. 나는 이 부분까지 영상을 확인한 뒤 심리극 상담에 들어갔습니다.

'왜 이 아버지는 이런 상황에서도 가만히 있을까?'

이 문제를 해결해야만 이 가정은 앞으로 나갈 수 있었습니다. 원인을 알아보기 위해 부모를 대상으로 역할 바꾸기 심리극을 진행했습니다. 내가 아이의 역할을 맡아, 게임을 하면서 짜증을 내고 욕을 해도 아버지는 쳐다보지 않았습니다. 심리극 상황에서도 일절 개입하지 않는 모습은 집에서와 다르지 않았습니다. 한편으로 아버지는 내내 불안해 보였습니다. 더 이상 진행이 어렵다고 판단해 역할극을 멈추고 물었습니다. 어린 시절은 어땠는지, 부모님은 어떤 분이었는지. 한참 침묵하던 아버지가 마침내 털어놓았습니다.

아버지(이하 버) : 내 아버지는… 난폭하셨어요. 가부장적이셨고요.

김영한(이하 김) : 맞은 적도 있으세요?

버 : 많이 맞았어요.

김 : 이유도 없이?

버 : 이유는 있었죠. 뭐 잘못하면 그냥…

김 : 뭘 그렇게 잘못했겠어요? 어린아이잖아요. 어린아이가 뭘

　　잘할 수 있어요…

사실 어린아이가 하는 '잘못'이란 게 뭐 그리 대단한 것이었겠습니까. 나는 그저 물었을 뿐인데, 그날 이 아버지는 마치 일곱 살 아이처럼 한참을 펑펑 울었습니다. 이분의 회피 뒤에는 어린 날의 상처가 깊게 자리하고 있었습니다. '내 아버지처럼 살지 않겠다'는 마음이 아이에게 아무 말도 하지 않고 훈육을 피하는 방관으로 뻗어 있었던 것입니다.

폭력이 일상화된 환경에서 자란 아이는 자라서 그 폭력을 자신의 아이에게 되풀이하기도 하지만, 이 아버지처럼 극단적 방치라는 정반대 형태로 나타나기도 합니다. 그간 아내는 남편에게 여러 번 도움을 요청했지만 끝내 개입하지 않았고, 부부 관계도 점점 무너지고 있던 상황이었죠. 그날에서야 비로소 아내는 남편의 성장 배경과 상처를 알게 되었고, 아주 조금은 남편을 이해할 수 있었습니다.

그렇게 자신의 과거와 직면한 다음부터 이 아버지는 최선을 다해 심리극에 임했고, 나도 방송과 상관없이 온 마음을 다해 이분의 이야기를 들었고 또 해결방안에 대해 말씀드렸습니다. 심리극 상담이 모두 끝난 뒤 아버지는 나에게 말했습니다.

"저의 어린 시절 이야기를 다른 사람에게 해본 게 처음입니다.
이렇게 울어 본 게 얼마 만인지 모르겠어요. 마음이 무척 후련
하네요. 감사합니다."

이 과정을 통해 아버지는 비로소 아이에게 말할 용기를 얻었습
니다. 그에게는 말을 건네는 것 자체가 아이를 혼내는 것처럼 느껴지
고, 그게 상처가 될지 모른다는 두려움이었습니다. 나는 말씀드렸습
니다.

"훈육은 혼내는 게 아니라 교육입니다. 지금 금쪽이에겐 해도
되는 것과 하면 안 되는 것을 구분해 줄 어른이 필요합니다. 그
역할을 아버님이 해주셔야 합니다."

이후 가족이 모두 모여 서로 간의 규칙을 정하는 시간에 아버지
는 차분하지만 분명하게 원칙을 이야기했습니다. 나는 그날 아이를
만나 물었습니다.

김 : 아빠의 달라진 모습이 어땠니?
아이 : 아빠가 저한테 얘기해 주니까, 너무 좋았어요.

나는 아이가 어머니에게 폭력을 쓰고 소리를 지르던 모습이 사

실은 아버지를 향한 절규였음을 확인했습니다. "아빠, 나 좀 바라봐 줘. 나에게 관심을 보여줘!"라는 외침이었던 것이죠. 이 아버지가 자기 내면의 어린아이와 대면한 뒤에야 비로소 아이가 보였고, 아버지로서 해야 할 첫 번째 훈육의 걸음을 떼었습니다. 아마 이 아버지는 앞으로도 서툴지만 조금씩 더 잘해 낼 수 있을 것입니다. 부모가 자기 상처와 직면하면, 그 순간부터 자녀와의 관계는 새로운 가능성이 열리기 시작합니다. 이들에게 찾아온 그 작은 변화를 나는 희망이라고 불러도 좋다고 생각합니다.

양육 태도에 따른 아이의 변화 이해하기

'요즘 육아 금쪽같은 내새끼' 같은 프로그램을 보면, 아이를 향한 악플이 쏟아질 때가 있습니다. 원색적인 욕설도 있고, "저런 애들은 매가 약" 같은 말들도 있습니다. 물론 그런 댓글을 쓰는 사람들 중에는 결혼하지 않았거나 자녀가 없는 분들도 있겠지만 볼 때마다 마음이 아픕니다.

나는 성선설도 성악설도 믿지 않습니다. 아이는 백지처럼 태어나고, 그 위에 어떤 그림이 그려질지는 관계와 경험의 합입니다. 아이의 감정선은 매우 예민합니다. 마치 스펀지처럼 부모의 감정을 빨아들입니다. 긍정적인 감정도, 부정적인 감정도 마찬가지죠. 문제는 많은 부모가 아이의 감정을 인지하지 못한 채 자신이 어릴 때 경험했던 방식을 그대로 답습한다는 점입니다. '나는 우리 부모보다는 잘하고 있어'라는 생각만으로 자신을 좋은 부모라고 여기지만 아이가 받는 상처는 결코 작지 않습니다.

부모든, 부부든 상담을 해보면 누구에게나 마음속에 어린아이가 숨어 있습니다. 우리는 모두 부모가 처음이고, 또 한때는 어린아이였습니다. 아이는 아이이기 때문에 끊임없이 갈구합니다. 우리 역시 마찬가지였습니다. 우리는 모두 사랑받고 싶어 했고, 관심받고 싶어 했으며, 물질적·정서적인 결핍을 채우고 싶어 했습니다. 그저 어른이 되었기 때문에 이 사실을 잊었을 뿐입니다. 우리는 스스로 '내 안에 있던 어린아이는 지금 괜찮은가'를 물어야 합니다. 만약 해결되지 않은 문제가 있다면 지금이라도 마음을 들여다보고, 보듬어 줘야 합니다. 내 과거의 상처와 과거의 마음이 지금의 내 아이와 연결되어 있기 때문입니다.

우리는 모두 '괜찮은 척' 지내지만

물론 세상에 상처 없는 사람은 없지요. 누구는 그럼에도 좋은 부모가 되고, 아이도 크게 흔들림 없이 자랍니다. 반대로 어떤 사람은 상처로 인해 관계가 망가지고 아이에게 문제 행동이 나타납니다. 이 차이는 어디서 올까요?

여기에는 자아를 보호하기 위한 무의식적 심리 전략인 '방어기제'가 중요한 역할을 합니다. 무의식의 영역이기에 의도적으로 선택하는 것이 아닙니다. 예를 들면 너무 고통스러운 경험을 했던 사람의 경우, 자신도 모르게 그 기억과 감정을 분리해 버리곤 합니다. 이런 분들은 어린 시절 학대의 기억을 떠올리면서도 남의 일처럼 담담하게 말합니다. 마치 영화 줄거리를 설명하듯 말이죠. 이는 고립이라는 방어기제가 작동한 전형적인 결과입니다. 그 기억이 너무 괴로운 나머지 감정을 저 멀리 보내버린 셈입니다. 그 덕분에 '나는 괜찮다'고 여기며 살아갈 수 있습니다. 이것 역시 한동안은 유효한 생존 방식입니다.

방어기제가 계속 잘 작동한다면 어떤 상처나 문제가 있어도 그것이 겉으로 드러나지 않을 수도 있습니다. 그러나 삶의 변곡점-결혼·출산·양육-을 지나며, 깊이 묻어둔 감정이 예기치 않게 터져 나오는 순간이 올 수도 있습니다. 그때는 담담히 자신의 마음을 들여다볼 필요가 있습니다.

나는 개인적으로 자신의 마음이 괜찮고, 무리 없이 살아가고 있다면 그 상처를 억지로 헤집을 필요는 없다고 생각합니다. 다만 해결된 문제인지, 그저 묻어두고 살아가는지는 본질적으로 다릅니다. 그래서 한 번쯤은 용기를 내서 그 마음을 직면해 보면 좋겠습니다. 그 과정에서 이 책이 조용히 앉아 쉴 작은 의자가 되기를 바랍니다.

또 하나 짚고 싶은 지점이 있습니다. 내가 방송에서 보이는 모습 때문인지 몰라도 심리극 상담이나 '상처와의 직면' 같은 과정이 심각한 문제를 가진 사람만을 위한 것으로 오해받곤 합니다. 실제로는 관계가 좋은 평범한 부모들도 심리극 상담이 가능한지 문의하는 경우가 많습니다. 그럴 때는 나 역시 조금은 가벼운 분위기 속에서 웃으면서 서로의 마음을 탐구하곤 하지요. 중요한 점은 그러면서 평소에 가족들이 놓치고 있던 서로를 향한 미세한 신호를 발견하곤 한다는 사실입니다.

"아, 우리 아이가 이렇게 생각하고 있었구나.", "내 소통 방식을 아이는 이렇게 받아들였구나."

나는 이 책이 이런 분들에게야말로 직접적인 도움이 될 수 있다고 생각합니다. 이미 괜찮은 부모가 더 좋은 부모가 되는 데 필요한 씨앗은 책이 충분히 건넬 수 있습니다. 만약 갈등이 너무 깊고, 아주 심각한 상태라면 책 한 권으로 해결할 수 없습니다. 이런 분들은 보통 2~3 세션 이상의 심리극을 진행하고, 그 이후 상담까지도 연결하는 편입니다. 다만 지금 심각한 어려움을 겪는 부모에게도, 이 책이 자신의 문제를 인식하고 전문가의 도움을 결심하는 계기가 된다면 그것으로도 쓰임은 충분할 거라고 생각합니다.

결론적으로 이 책은 육아서의 외양을 띠지만 부모의 마음에 닿는 여정에 더 집중합니다. 그 일환으로 구체적인 사례와 심리극 장면을 가지고 옵니다. 또한 각 장마다 직접 기록하고 성찰할 수 있는 질문을 준비했습니다. 이런 과정을 통해 스스로를 탐색하고, 상처와 마주하며, 그 상처를 치유하는 것이 이 책의 궁극적인 목적입니다.

그동안 나는 부모에게 도움이 된다는 수많은 양육·심리 서적을 보며, 과연 그것이 실제 변화로 이어질 수 있을까 하는 의문을 품어 왔습니다. 부모 자신의 마음 상처가 치유되지 않은 채, 머리로만 이해하는 방식에는 분명한 한계가 있다고 느꼈기 때문입니다. 이런 생각 때문에 지금껏 여러 권유와 출간 제안을 받아왔지만 단 한 권의 책도 쓰지 않았습니다.

그럼에도 이제 조심스럽게 첫 번째 이야기를 꺼내 보려고 합니다. 생각에 머무는 이해를 넘어, 부모가 자신의 마음 안으로 들어갈 수 있는 책을 만들어 보고 싶었기 때문입니다. 과연 그런 책이 되었는지는 이제 독자들의 판단에 맡길 수밖에 없겠습니다.

지난 세월을 복기하고, 다듬고, 오래된 기록을 다시 꺼내보는 일, 그리고 그걸 원고로 만드는 작업은 고통스러웠지만 행복했습니다. 원고를 작업하면서 나는 절박한 심정으로 나를 찾아온 어떤 가족의 마음과 내 마음이 만났던 날들을 떠올리곤 했습니다. 동시에 결코 가볍지 않은 마음으로 이 책을 읽을 또 다른 이들의 마음을 생각합니다.

내가 아무리 노력한다 한들 완벽한 해답을 주지는 못할 것입니다. 그러나 이 책을 통해 누군가가 자신을 마주할 기회를 얻고, 아이와의 관계에서 다른 선택을 시도할 용기를 얻는다면 그것으로 이미 의미 있는 변화가 시작된 것이라고 믿습니다.

사실 나 또한 그 변화의 과정을 통과해 온 한 사람입니다. 밖에서는 누군가의 상처를 보듬는 심리극 상담사로 살아가지만, 집으로 돌아와 마주하는 가족들이야말로 나를 가장 솔직하고 단단한 '인간 김영한'으로 살게 해주는 유일한 통로였습니다. 가족의 지지와 사랑이 없었다면 상담사로서의 나도, 이 기록들도 존재하지 못했을 것입니다. 나의 삶을 온전하게 지탱해 주는 아내 김애리나와 딸 나희, 아들 동현에게 깊은 사랑과 고마움을 전합니다.

이제 당신의 차례입니다. 아이의 손을 잡고 당신 안의 소중한 빛을 찾아가는 그 여정을 시작해 보십시오. 그 길 위에서 여러분과 아이 모두가 조금 더 편안하고, 조금 더 단단해질 수 있기를 소망합니다. 그럴 수 있다면 책 하나를 세상에 내놓은 저자로서 더없이 복된 일일 것입니다.

고맙고 고맙습니다.

CASE. 1

폭력의 고리

1

내 안의 폭력과 마주할 때

폭력이라는 뫼비우스의 띠

폭력 가정에서 흔히 나타나는 문제는 아이의 공격적 성향입니다. 이런 문제로 나를 찾아 온 부모들은 대부분 아이의 공격적 성향에 관해서만 인식할 뿐, 그 원인이 가정 내에서의 폭력과 연관있다는 생각은 하지 못하는 경우가 많습니다. 그래서 나는 심리극 상담을 진행하게 되면 아이에게 "하고 싶은 얘기를 마음껏 해보라."라고 권하는 동시에 반드시 부모의 양육 태도를 묻습니다. 보통 "원래는 착한 아이였는데 언제부턴가 급변해서요…" 이런 식으로 흐르는 경우가 대부분입니다. '원인은 알 수 없지만 어쨌든 아이에게 문제가 있다'는 식이죠. 부모님께 어린 시절 이야기를 물어도 말을 돌리거나, 대수롭지 않게 여깁니다.

"술을 좀 드셨고 폭력도 좀 쓰셨는데, 그렇다고 심각한 정도는
아니었어요.", "뭐 우리 어릴 때야 다들 그랬지만 많이 맞았죠.
뭐 제가 잘못하기도 했고…"

이런 부모님은 자신이 아이에게 하는 행동이 단순한 훈육일 뿐
이라고 굳게 믿습니다. 우리는 대개 심한 신체적 폭력만 폭력으로 인
식하는 경향이 있습니다. 하지만 폭언도, 무시도, 비난도 폭력입니다.
형태만 다를 뿐 마음을 다치게 한다는 점에서 같습니다. 때로 '사랑의
매'라는 이름으로 체벌을 정당화하기도 하지만, 나는 어떤 이유에서
도 체벌은 정당화될 수 없다고 생각합니다. '사랑의 매'는 결국 통제
의 언어입니다. 두려움으로 순종하고 일시적으로 복종할지는 몰라도
결코 내면의 자율성을 배우지 못합니다.

또한 폭력은 반복됩니다. 심지어 아이에게 직접 폭력을 행사하
지 않아도 부모가 폭력적인 언어나 행동을 보이면 이를 모델링하면
서 학습하기도 합니다. 다시 말해, '힘이 곧 해결의 수단'이라는 메시
지를 은연중에 깨닫습니다. 이렇게 학습된 폭력은 청소년기·성인기
로 이어지며, 배우자나 자녀를 향합니다.

그렇다면 왜 우리는 폭력의 고리를 스스로 인식하지 못할까요?
인간은 자신의 행동을 합리화하려는 경향이 있습니다. 스스로 폭력
적인 부모라는 사실을 인정하면 자존감이 무너지고 죄책감이 생기기
때문에, 그 사실을 부인하거나 축소합니다.

이런 모습 자체도 어쩌면 스스로를 지키기 위한 방어기제의 일
종일지 모릅니다. 하지만 그 방어기제가 결국 아이에게 상처가 됩니
다. 그래서 나는 심리극을 통해 부모의 어린 시절, 특히 그들이 경험
했던 폭력의 순간을 생생하게 재현합니다. 상황이 끝난 뒤 "그때 어
떤 감정을 느꼈나요?"라고 물어보면 자신이 아이였던 시절을 회상하
며 부모의 그런 모습이 싫었다고도 하지요. 그러면 저는 이렇게 묻습
니다.

"혹시 지금 아이를 대하는 방식이 어린 시절의 부모님과 닮았
다고 느끼지는 않나요?"

여기까지 오면 대부분 그렇다고 시인합니다. 이제야 비로소 제
대로 된 문제 해결의 출발점에 서게 된 셈입니다. 문제는 이런 과정을
거치지 않으면 자신이 어떤 방식으로 아이를 대하고 있는지 정확히
자각하지 못한다는 것입니다. 또 내가 아이에게 하는 게 그 정도는 아
니라고 생각하는 경우도 많습니다.

'나는 맞으면서 컸지만 이렇게 잘 자랐잖아.', '이 정도는 교육이
지 폭력은 아니야.'

그렇게 우리는 자신을 정당화하며 내 부모의 어두운 그림자를

닮아갑니다. 하지만 나는 나고, 아이는 아이입니다. 내가 폭력 속에서 자랐다고 해서 아이도 그렇게 자라야 할 이유는 없습니다. 내 아이는 나보다 조금 더 사랑받아도, 조금 더 존중받아도 괜찮습니다.

가족치료학자 머리 보웬Murray Bowen은 "세대 간의 정서적 패턴을 끊는 순간, 가족의 역사가 새로 써진다"라고 했습니다. 내가 비록 일상화된 폭력 속에서 자랐다 하더라도 지금 여기서 그 고리를 끊을 수 있다면 다음 세대의 감정시도는 달라집니다. 폭력은 뫼비우스의 띠처럼 이어집니다. 그 띠를 끊는 사람은 반드시 '나'여야 합니다. 그 한 걸음이 내 아이를 바꾸고 새로운 세대를 만듭니다.

아이가 보내는 신호, 그 타이밍의 대처

강연에서 만난 부모님 중에는 아이와의 갈등이 극에 달해 이제는 아이가 밉다고 털어놓는 분들도 꽤 있습니다. 아이를 떠올리면 이해보다는 분노가 먼저 올라온다는 것이죠. 구체적인 사연을 들어 보면 부모 입장에서는 속이 터질 만합니다. 어제와 똑같이 혼냈고, 어제와 똑같이 잔소리했고, 이제와 똑같이 체벌했는데, 어제까진 순순히 "네, 네" 하던 아이가 어느 날 갑자기 변했다는 겁니다.

그런데 지금껏 고분고분했다고 해서 아이의 마음까지 아무렇지 않았을까요? 그럴 리 없습니다. 아이의 마음속에는 이미 여러 번의 두려움, 서운함, 억울함이 작은 돌멩이처럼 켜켜이 쌓여 있었을 겁니다. 그동안은 어려서 힘이 없으니 그저 참고 견디고, 잠잠히 삼켰을 뿐이죠.

어린아이에게 부모는 절대적인 존재입니다. 커다란 산이었고, 동시에 세상에서 가장 사랑받고 싶은 사람이었습니다. 그런 만큼 아이는 혼이 날 때마다 혹은 폭력에 노출될 때마다 두려움 속에서 자신을 숨기면서 사랑받기 위해 더 착하게, 더 조용하게 행동했을 겁니다. 하지만 아이는 자랍니다. 몸이 자라고, 생각이 자라고, 마음도 자랍니다. 언젠가 그 산이 조금씩 작아 보이기 시작하면서 두려움보다 답답함이 더 커지는 때가 옵니다. 부모가 보기엔 그 변화가 하루아침에 찾아온 것처럼 느껴지지만, 아이의 마음에서는 오래전부터 조용히 끓고 있었습니다. 한 번도 표현할 수 없었던 감정이 드디어 모양을 갖춘 것뿐입니다.

나는 아이가 그렇게라도 자기감정을 드러내는 게 불안하지만 정상적인 일이라고 봅니다. 억누르고만 있다가 더 늦게 터지면, 더 큰 문제로 번질 수 있습니다. 문제는 부모가 그 순간의 심각성을 알아채지 못하고 '내 관점'으로 누르려고만 한다는 데 있습니다. 아이가 왜 짜증을 냈는지, 또래 관계나 학교생활, 가정의 분위기 혹은 내 양육 방식에 어떤 구멍이 있었던 건 아닌지 돌아봐야 하는데, 상황과 행동, 태도에만 매몰되어 더 과격하게 나오기 일쑤입니다.

그렇게 그 순간을 놓치면 악순환이 시작됩니다. 부모는 더 강하게 억누르고, 아이는 더 거칠게 반응합니다. 초등 저학년 때는 단지 짜증이었을지 모를 신호를 그때 바로 잡지 못하면 반응의 강도는 점점 더 커집니다.

그러다 보면 상황은 걷잡을 수 없이 악화되면서, 결국 "나가! 너 같은 새끼는 필요 없어." 같은 말이 나옵니다. 이게 극단적으로 이어지면 실제 위협적 발언이 오가거나, 칼을 들고 죽이네 살리네 하는 지경까지 간 뒤에야 상담 문의가 오곤 합니다.

아이가 문을 쾅 닫는 행동을 단순한 무례로 보아선 안 됩니다. 아이에게는 그 나름의 자기표현일 수 있습니다. 이때 부모가 감정적으로 맞서 소리를 지르거나 체벌을 쓴다면 아이는 더 이상 말로 풀 방법을 잃고 행동으로만 자기 의사를 드러낼 수도 있습니다. 즉각적인 대응을 멈추고 기다려 줄 줄 알아야 합니다. 부모도 숨을 고르고, 아이도 흥분을 가라앉힐 시간이 필요합니다.

아직은 사소하다고 볼 수 있는 이런 갈등이 해결되지 않으면, 아이는 점점 집 밖으로 마음을 옮깁니다. 대화 대신 거리에서, 부모 대신 친구들 사이에서 위안을 찾으려 하고 그러다 비행으로 이어지는 모습을 너무나 많이 봤습니다.

아이는 계속 부모를 시험합니다. 정말로 나를 믿어 주는지, 내가 아무리 엇나가도 당신이 여전히 나를 사랑하는지 확인하려고 합니다. 어쩌면 그것은 단순한 반항이 아니라 "제발 나를 좀 봐주세요"라는 외침일지도 모릅니다. 아이가 화내고, 문을 닫고, 때로는 거칠게 말할 때 그 안에는 여전히 당신에게 닿고 싶은 마음이 숨어 있습니다.

이때 부모는 아이의 행동을 고치려 들 것이 아니라 그 마음을 읽어주어야 합니다. 물론 어렵죠. 특히 극단적인 상황으로까지 치닫는 가정들은 더더욱 그렇습니다. 이런 부모들은 어린 시절 폭력에 노출된 경우가 많습니다. 어른이 되었다지만 여전히 이해받지 못했던 외로움, 채워지지 않은 결핍, 아무도 헤아려 주지 않았던 상처, 표현되지 못한 사랑이 내면 어딘가에 남아 있습니다. 이들에게는 아이의 마음을 헤아리는 것보다 소리치고 욕하고 때리는 게 훨씬 쉽고 익숙합니다.

꼭 심각한 문제가 있는 가정만 그런 것은 아닙니다. 정도의 차이는 있겠지만 우리는 모두 자신이 받은 사랑의 방식에 영향을 받으며 살아갑니다. 비교적 평온한 가정을 꾸리고 있는 사람이라도 어린 시절의 외로움이나 불안, 인정받지 못했던 기억이 마음 한편에 남아 있을 수 있습니다. 심리학에서는 이를 '세대 간 전이'라고 부르며, 부모의 정서적 패턴이 무의식적으로 다음 세대로 이어진다고 설명합니다.

즉 한때 누군가에게 충분히 위로받지 못했던 기억은 부모가 된 이후 자신도 모르게 아이에게 투사되곤 합니다. 그래서 '나는 잘 참고 견뎌온 사람이야'라고 생각하는 이들조차, 사실은 그 '참음' 속에 묵은 감정이 남아 있을 수 있습니다. 그게 아이의 짜증이나 반항 앞에서 예기치 않게 폭발하기도 합니다.

그 공허함을 나는 충분히 이해합니다. 이걸 나약함이라고 탓할 필요는 없습니다. 다만 '내 안에도 그런 흔적이 있구나' 하고 알아차리는 것, 그 인식이 중요합니다. 나의 상처가 아이에게로 이어지면, 폭력의 패턴은 멈추지 않습니다. 스스로를 이해하는 사람이 되어야 비로소 아이의 마음도 온전히 볼 수 있습니다.

감정이 폭발하는 순간, 던져야 할 질문들

머리로는 '그래, 니도 바꿔야지' 하면서도 실제로는 잘되지 않는 이유 또한 억압된 감정이나 상처의 감정이 해결되지 않고 생각으로만 그치기 때문입니다. 심리극은 어린 시절의 부모 또는 그 외에 의미 있는 인물로부터 받았던 억압된 기억이나 부정적 상처의 감정을 직접 마주하게 만듭니다.

예컨대 '어릴 적의 나—부모에게 혼나던 기억—아이에게 화내는 지금의 나' 이 세 장면을 함께 세워놓고 직접 경험하게 하면, 말로는 전하지 못했던 것이 몸으로 느껴집니다. 그때 진짜 변화가 시작됩니다. 그런 점에서 아이를 향한 감정이 폭발한다면, 화를 내기 전에 잠시 숨을 고르고, 스스로 물어보길 바랍니다.

'나는 지금 어떤 감정인가?', '그리고 내 아이는 지금 어떤 마음일까?'

그 질문만으로 훨씬 더 나아질 거라고 믿습니다. 이 책을 통해 배웠으면 하는 건, 누군가를 바꾸는 법이 아니라 내 마음을 들여다보는 법입니다. 감정이 폭발하기 전 그 안에 숨어 있던 두려움과 서운함을 인식하는 힘, 그리고 아이가 내게 보내는 감정의 신호를 조금 더 일찍 알아채는 감각입니다. 그게 결국 관계를 무너뜨리지 않는 최소한의 장치가 됩니다.

치유는 거창한 선언이 아니라 그저 '나는 지금 이 아이의 마음을 이해하려 하고 있나?'라는 작은 고민에서 시작됩니다. 설령 내가 아이에게 심각한 폭력을 휘두르는 사람이 아니더라도 아이의 마음은 언제든 닫힐 수 있습니다. 아이에게도 자신만의 감정의 문이 있고, 그 문은 아주 사소한 말 한마디에서 반응하기 때문입니다. 같은 맥락으로 부모의 따뜻한 말, 기다림, 포옹 하나로 다시 열릴 수도 있습니다. 우리는 완벽한 부모는 아니라도 최소한 닫힌 마음 앞에서 포기하지 않는 어른은 되어야 합니다.

아이의 반항은 언젠가 반드시 찾아옵니다. 예상을 전혀 하지 못한 채 그 순간을 맞으면 현명하게 대응하기 어렵습니다. 그 일이 나와는 상관없을 거라 생각하지 말고, '그때 나는 어떻게 할까?'를 떠올리고 준비해야 합니다.

그때 잘 대처하면, 상황은 심각해지지 않습니다. 그걸 놓쳐서 심각한 문제 행동으로 이어진 경우, 서로 오해를 풀 수 있는 대화의 순간을 놓쳐 완전히 멀어진 가족들이 생각보다 정말 많습니다. 갈림길은 아주 사소한 순간에 있습니다.

아이의 첫 번째 반항이 실제로 일어났을 때, 그 순간 어떤 얼굴로, 어떤 말로 아이를 맞이하시겠습니까. 그 답을 찾는 것은 이제 당신의 몫입니다.

2

심리극 사례 1 - 변화의 씨앗을 심는다는 것

*모든 대화는 김영한(김), 어머니(어) 아버지(버), 아들(들), 할머니(할)로 줄여서 표기 합니다.

전화기 너머로 들려온 목소리에는 절박함이 묻어 있었습니다. 중년의 여성이 나에게 처음 한 말은 "도와주세요."였습니다. 여느 때처럼 일정이 빽빽했지만, 그 마음을 외면할 수 없었습니다. 대략 사연을 들어보니 남편은 아이가 어릴 때부터 폭력을 휘둘러 왔고, 이제 아이가 고등학생이 되어 반항을 일삼으며 가족 관계가 파탄 직전에 이른 상황이었습니다. 나는 어머니에게 가족 모두가 심리극 상담에 참여할 수 있을지를 물었는데, 역시나 돌아온 대답은 부정적이었습니다.

어 : 우리 남편이 참여할지 모르겠어요. 남편은 이제 아들 취급 안 한다고 할 정도라… 아무래도 남편은 상담에 안 올 것 같아요.

김 : 아이만 상담할 수는 없습니다. 그렇게 해봐야 문제는 해결되

지 않습니다. 설득해서 함께 올 수 있을 때 꼭 다시 연락주세요.

실제로 엄마와 아이만 만나봐야 아무런 소용이 없습니다. 상대
방에게서 받은 상처의 감정이 해결되지 않으면, 아무리 아이를 붙잡
고 애기해 봐야 변화는 일어나지 않기 때문입니다 관계란 그런 깃입
니다. 나 혼자 바뀐다고 달라지지 않습니다. 나와 상대방이 서로의 감
정에 반응하고 부딪히는 그 지점에서 변화가 시작됩니다. 또한 설득
을 해서 가족이 상담에 참여하게 되면 거기서부터가 일종의 출발점
이기도 합니다. 관계의 변화에 대한 일말의 의지조차 없는 사람이라
면 애초에 상담에 오지도 않으니까요. 그래서 나는 가족 심리극 상담
의 경우는 가족 구성원 모두가 참여해야만 진행하는 편입니다. 그러
다 보니 전화로 상담을 문의하고, 예약 일정을 다 잡았음에도 가족의
의지를 모으지 못해 흐지부지되는 경우도 많습니다. 다행히 이번에
어머니는 끝까지 포기하지 않았습니다. 가족 모두를 설득했고, 결국
함께 심리극 상담에 참여하게 되었습니다.

그 가족의 사연

김 : 우선 여기까지 오신 것만으로도 박수를 보내드리고 싶습

니다. 서로에게 마음이 움직였으니까 이렇게 모인 거라고

생각합니다. 오늘 각자 하고 싶은 얘기만 하고 가도 괜찮으
니까 편하게 시작해 보죠. 왜 여기까지 온 것 같으세요?

아무도 입을 열지 않습니다. 아들은 고개를 숙인 채 한숨만 쉽니다.

김 : 아버님, 먼저 얘기해 보시겠어요?

버 : 나는 아이한테 할 만큼 했다고 생각합니다. 그런데 집에 들
　　어오기만 하면 다 때려 부수려고 하고, 애비를 위협하고…
　　그게 아들입니까? 그래서 지금 따로 살고 있어요.
　　(아들을 향해) 야, 내가 이러다가 너 죽일까 봐 전셋집 구해
　　준 거야. 알고는 있냐, 이 새끼야.

김 : 그러셨구나. 상황이 너무 격해져서 그렇게 된 건가요?

버 : 저를 죽이겠답니다. 칼 들고 저를 죽이겠다고 했어요. 그게
　　아들입니까?

김 : (아들에게) 너는 뭐가 그렇게 화가 나서 아빠한테 그랬던 거야?

여전히 아이는 아무 말이 없습니다. 사실 이 나이대의 아이는 자기
얘기를 잘 꺼내지 않죠. 한참을 기다린 뒤에 어머니에게 물었습니다.

김 : 아들이 언제부터 그렇게 과격해진 것 같으세요? 어머니가
　　보기엔 어땠나요?

어 : 아빠가 어릴 때 강압적으로 키운 건 있는 것 같아요. 매도
　　많이 들었고… 그러다 중학교 때 가출도 했고요. (아들을 바
　　라보며) 가출을… 네가 세 번인가 했지?

김 : 가출해서 어디 갔었어? 얼마나 답답했으면 집을 나갔겠어.
　　어디로 갔었니? 그 정도면 선생님이라도 집 나갔겠다.

들 : 형들이랑 지냈어요…

처음으로 아들이 입을 열었습니다. 작은 변화지만, 이런 순간은
상담에서 매우 중요합니다. 나는 그 신호를 놓치지 않고 말을 이어갔
습니다.

김 : 혹시 지내면서 나쁜 행동도 했었니? 담배도 피웠어?

들 : 네… 서너 번인가요… 술도 마시고…

김 : 아빠 성격상 가만두지 않았을 것 같은데. 너도 아빠한테 받
　　은 상처가 많겠지만, 그중에서도 제일 잊히지 않는 건 뭐야?

아이는 침묵했고, 나는 조용히 기다렸습니다. 한참 뒤, 아이가 입
을 열었습니다.

들 : 그때요… 중2 때 아빠가 저를 방에 가두고 야구방망이로 때
　　린 적이 있어요. 그때 맞다가 진짜 죽을 것 같았어요. 그래서

처음으로 아빠를 밀치고, 그 틈에 도망쳐서 집을 나왔어요.

김 : 그랬구나… 아버님, 이 일 기억나세요?

버 : 그때부터 애가 완전히 달라졌어요. 말을 해도 듣질 않고,

　　　내가 손을 대면 애도 물건을 던지고… 아, 진짜…

이 사건 이후 아이는 처음으로 집을 나갔고, 돌아온 뒤 상황은 더 악화 됐습니다. 아버지는 아들을 더 강하게 제압하려 했고, 아이 역시 폭력으로 맞서기 시작했습니다. 그러다 결국 중학교 3학년 무렵, 아이는 식칼을 들고 아버지를 향해 "죽이겠다"고 외쳤다고 합니다.

김 : 아버님, 그때 마음이 어땠어요?

버 : 내가 이러다 진짜 이놈을 죽일 수도 있겠다는 생각이 들었

　　　습니다. 달려들면 칼에 손을 찔리는 한이 있어도 막은 다음

　　　에 내가 죽일 것 같았어요.

김 : 그래도 그 일이 더 큰 사고로 이어지지 않은 건 다행입니다.

이 모습을 본 어머니는 '이러다 정말 가족끼리 칼부림 나겠다'는 생각에 남편을 설득했습니다. 결국 아이가 고등학생이 되자 전셋집을 구해 따로 살게 했고, 그렇게 떨어져 지낸 지 1년이 흘렀습니다. 가족이 다시 처음으로 한자리에 모인 게 바로 이날의 상담이었습니다. 일년 만에 마주한 부자 사이는 여전히 서먹했습니다. 서로를 쳐다보지

도 않았고, 인사도 나누지 않았습니다. 마치 전혀 모르는 사람처럼 말이죠. 그 모습을 보고 있으면, 이 관계가 다시 이어질 수 있을까 하는 생각이 들 만큼 멀고 차가웠습니다. 그럼에도 나는 '여기까지 왔다는 것' 자체에 의미를 두었습니다. 또 이 정도의 갈등이면 중간에 자리를 박차고 나가는 경우도 많습니다. 이 가족의 경우 아이가 계속 자리를 지키고 있었다는 점에서도 긍정적이었습니다. 비록 표정은 굳어 있었지만 관계 회복의 작은 가능성은 있다고 보았습니다. 그러면 이제는 이 가족의 마음속 깊은 곳으로 한 걸음 더 들어가 볼 차례였습니다.

치유되지 못한 과거와 직면하다

김 : 그런데 아버님, 폭력 말고 다른 방법은 없었을까요?

버 : 처음엔 얘기도 해보고 타이르기도 했죠. 그런데 도무지 말을 안 듣는 걸 어떡합니까. 물론 잘못된 거라는 건 알아요. 그걸 제가 모르겠어요? 안 되니까 여기까지 온 거 아닙니까. 아니, 이건 진짜 해도 해도 너무한 거 아닙니까? 나도 맞고 자랐지만 그래도 부모님한테 그 정도는 아니었거든요.

김 : 아버님, 어렸을 때 부모님은 어떠셨나요?

담담하게 털어놓는 그 아버지의 사연은 참혹했습니다. 열두 살 무렵, 사소한 잘못을 했다고 아버지가 저수지에 머리를 넣었다 빼면서 혼을 냈다고 했습니다. 중학교 때는 술에 취한 아버지가 낫을 들고 학교까지 찾아와 죽이겠다고 쫓아왔고, 잡히면 정말 죽을 것 같아 한참을 도망치기도 했습니다. 그러다 자신이 중학교를 졸업할 무렵, 술에 취한 채 사고로 돌아가셨다고 하더군요. 그 이야기를 들으며 나는 '결국 그 폭력이 세대를 건너 이어지고 있구나' 하는 생각을 했습니다. 그가 아이에게 과한 폭력을 행사한 이유의 밑바닥에는 어린 시절 해결되지 못한 상처가 자리하고 있었습니다.

김 : 돌아가셨다는 소식을 들었을 때 마음이 어땠어요?

버 : 담담했어요. 그냥 아무 감정이 없었죠. 어릴 땐 아버지가 죽었으면 좋겠다고 생각한 적도 있었어요. 내가 아버지를 죽일 수는 없으니… 그만큼 밉고, 무서웠죠. 아버지만 없으면 우리 가족이 편할 텐데, 그런 생각을 자주 했습니다.

김 : 그러셨군요. 아버님의 아버지는 정말 심한 폭력을 행사하셨네요. 그런데 아버님, 지금 아드님에게 하는 모습이… 그때의 아버님과 닮아 있지 않나요?

버 : 나는 낫은 들지 않았잖아요. 아이가 삐뚤어지는데, 부모로서 어떻게 그냥 보기만 합니까.

김 : 그래도 지금 아들을 대하는 모습이 매우 폭력적이라는 건 분명합니다. 그 점은 인정하세요?

버 : 폭력……인정합니다.

김 : 게다가 지금 아들도 아버님의 모습을 닮아가고 있습니다.
　　 그거 알고 계시죠? 이 아이가 훗날 결혼하고 아버지가 되면,
　　 지금 아버님처럼 행동하게 될지도 모릅니다. 정말 그걸 원
　　 하세요?

버 : 그런 건 아니죠. 폭력은 잘못됐다는 건 알아요. 때리면 안
　　 되는 것도 압니다. 그런데… 오죽했으면 매를 들었겠습니까.

그는 자신의 행동이 잘못된 줄 알면서도 여전히 '어쩔 수 없었
다'는 논리 속에 머물러 있었습니다. 표면적으로는 인정을 했지만, 마
음 깊은 곳에서는 아직 그 폭력의 고리를 '자기 방식의 훈육'으로 합
리화하고 있었습니다. 그래서 나는 그의 마음속, 어린 시절로 함께 돌
아가 보기로 했습니다.

김 : 낫을 들고 쫓아오던 아버지와는 따뜻한 대화를 나누지 못
　　 하셨겠죠. 제가 지금부터 어떤 분을 만나게 해드릴게요. 지
　　 금의 모습으로 마주해 보세요.

나는 '역할대행 기법'을 사용해 심리극을 진행했습니다. 역할대
행 기법은 상담자가 내담자에게 깊은 영향을 준 인물의 역할을 대신
맡아, 미처 하지 못했던 대화를 실제처럼 재현하는 방식입니다. 내담
자는 그동안 꺼내지 못했던 감정을 보다 안전하게 표현할 수 있고, 그

과정을 통해 마음속 억눌린 감정이 조금씩 풀리게 됩니다.

김 : 필성(가명)아, 아빠다. 잘 지내니? 아이고… 내가 너한테 안
　　좋은 모습만 보였구나. 너한테 죽인다고 쫓아갔던 게 아직
　　도 상처로 남아 있지? 아빠가 미안하다. 할아버지도 그랬어.
　　그런데 나도 그걸 똑같이 반복했구나. 아빠가 잘못했다. 그
　　말을 못 하고 눈감아서, 마음에 늘 남아 있었어. 그런데 필
　　성아, 아빠가 꼭 하고 싶은 말이 있는데 들어줄래?

버 : (흠칫 놀라더니) 네…

김 : 네가 내 모습을 닮았더구나. 이 녀석아. 왜 그런 모습까지
　　닮았니. 나는 너에게 그렇게 하지 못했지만, 너는 제발 네
　　아이에게 그렇게 하지 않았으면 좋겠다. 아빠랑 약속해 줄래?

버 : 네… 그렇게 할게요.

김 : 가끔 아빠 생각났니? 하고 싶은 말 좀 해봐. 오늘은 네 얘기
　　들어줄게.

버 : 아버지가… 좋은 아버지였으면 했어요. 늘 너무 무서웠어요.
　　아버지랑 목욕탕도 가고 싶었고, 놀러도 가고 싶었는데…
　　그러지 못한 게, 돌아가신 뒤에 자꾸 생각나더라고요.

김 : 아빠가 그렇게 미웠는데도, 그래도 생각났구나. 고맙다. 너
　　랑 여행도 가고 목욕탕도 갔으면 좋았을 텐데… 그렇게 못
　　해서 정말 미안하다. 필성아… 나는 그렇게 못했지만 너는

아들이랑 그렇게 많이 해줬으면 좋겠다. 아빠 모습 닮지 않
겠다고 했던 약속 꼭 지켜줘.

놀랍게도, 굳은 표정에 억지로 온 티를 풀풀 풍기던 아버지의 얼
굴이 조금씩 풀리기 시작했습니다. 목소리가 떨렸고, 눈시울이 붉어
졌습니다. 어린 시절로 돌아가, 마음속에 묻어두었던 상처를 처음으
로 꺼내 놓은 것이기도 했습니다. 그동안 그에게는 아버지가 다정하
게 말을 걸어준 적이 없었을 겁니다. 그 장면을 지켜보던 부인은 결국
눈물을 터뜨렸고, 무심하던 아이도 조용히 고개를 숙이며 눈을 훔쳤
습니다. 그 순간, 가족 모두의 마음에 묶여 있던 매듭이 조금 느슨해
지는 게 느껴졌습니다.

김 : 어떠셨어요, 아버님? 정말로 아버지를 만난다면 이런 얘기를
　　들려주셨을 것 같지 않으세요?

버 : 하… 솔직히 억지로 왔는데, 제가 이렇게까지 할 줄은 몰랐
　　습니다. 정말로 아버지를 만난 것 같았어요. 마음이 조금 편
　　해졌습니다.

김 : 아버님 마음속에 '사랑받고 싶던 아들'이 있었던 것 같습니
　　다. 그 마음이 해결되지 않아서, 때로는 분노로 바뀌었겠죠.
　　이번 심리극으로 모든 게 완전히 치유된 건 아니겠지만, 그
　　래도 오늘 이 자리에서 아버님이 했던, 아이에게 그렇게 하

지 않겠다는 약속만큼은 꼭 지켜주셨으면 좋겠습니다.

마음을 만나다

과거의 상처와 마주한 뒤, 다시 현실로 돌아와 자신의 마음들을 만나보는 시간을 가졌습니다. 이걸 '이중자아기법'이라고 합니다. 간단히 말하면, 한 사람 안에 공존하는 서로 다른 '마음들'을 연속적으로 호출해 마음의 목소리를 드러내게 하는 것입니다.

한쪽은 격앙되고 파괴적인 마음의 목소리이고(부정적인 마음), 다른 쪽은 보호하고 싶은 다정한 마음의 목소리(긍정적인 마음)입니다. 이 둘을 번갈아 만나게 함으로써, 그간 눌려 있던 감정이 밖으로 나오고, 내 안에서 무엇이 나를 지배하고 있었는지 분명히 알게 합니다.

김 : 나는 너 마음인데… (아들을 가리키며) 저 새끼가 너한테 어떻게 했는지 알지? 너한테 칼을 들이댔어, 저 미친놈이… 저건 자식도 아니야. 저거 아들로 생각하지도 마. 여기 뭐 하러 있냐? 나가자. 아빠한테 칼 들고 죽인다고 한 놈을 위해 이런 노력을 한다고? 포기해. 내가 보니까 너는 지금 어릴 때 네 아버지가 하던 것과 똑같이 하더라. 잘하고 있어. 다음에 또 그러면 그냥 죽여버려. 난 네가 죽을 때까지 따라다닐 거야. 노력하지 마. 넌 어차피 안 될 거야.

　　이렇게 현실의 마음을 직접 자극하는 이유는 내담자가 스스로 이런 부정적인 마음과 맞서 싸울 수 있는 힘을 가지게 하기 위함입니다. 흔히들 우리는 '착한 마음'만 있으면 된다고 생각하지만, 정말로 중요한 것은 내 안의 파괴적인 마음을 몰아내겠다고 결단하는 일입니다. 이중자아 기법은 그 결단을 생생하게 드러내 보이게 합니다. 그리고 가족 앞에서 '부정적인 마음을 물리치겠다'는 강력한 의지를 보여주는 것 자체가 관계 회복의 첫 신호가 되기도 힙니다. 이 부분을 거치자, 아버지는 조금씩 마음을 열기 시작했습니다.

　　김 : 방금 아버님 마음을 만나고 왔는데요, 지금 그 마음 아직 있어요?

　　버 : 아직 있는 것 같아요. 진짜 이런 마음이 없어야 하는데… 저도 화가 나면 제어가 안 되고요… (한숨) 어릴 때부터 그랬습니다. 한 번 폭발하면 어떻게 할 수가 없었습니다. 선생님, 저도 알고는 있었지만 오늘 직접 마주하니 더 절실히 알겠습니다.

　　김 : 아버님 마음의 주인은 누구세요?

　　버 : 접니다.

　　김 : 그런데 어릴 때 상처받은 마음으로 계속 아이를 대하잖아요. 이걸 해결하지 않으면 관계는 절대 나아지지 않습니다. 그 마음한테 또 지고 싶으세요?

버 : 아니요. 지고 싶지 않습니다.

김 : 이 마음을 부른 게 누굽니까?

버 : 나죠. 내가 불렀죠.

김 : 그래요. 아버님이 불러온 마음이니 아버님이 몰아낼 수도
있습니다. 잘못된 마음인 줄 알면서 계속 부르면 해결 방법
이 없습니다. 어릴 때 아버지와 함께 목욕탕에 가고 여행을
가고 싶었다고 하셨죠. 지금은 아드님과 그런 시간을 보내
고 계신가요?

버 : 어릴 때는 그랬어도… 지금은… 안 하죠…

김 : 그 나쁜 마음을 몰아내면 다시 그런 관계가 될 수 있습니다.
저는 아직 늦지 않았다고 봅니다. 자, 이번에는 다른 마음을
만나볼게요.

그 (긍정적인 마음) 안녕, 나는 또 다른 너의 마음이야. 나는 네가
날 영원히 안 찾을 줄 알았어. 이렇게 찾아줘서 고맙다. 아
까 돌아가신 아버지 말 들었지? 할 수 있어. 네가 날 찾지
않아서 그랬지, 나를 찾아주기만 하면 조금씩 변화할 수 있
도록 도와줄게. 당장은 아니지만, 조금씩 변하면 아들도 돌
아올 거야. 오늘 상담 온 것도 용기 있는 선택이야. 정말 잘
했다. 여기서부터 출발하자. 방법은 많아. 같이 찾아보자.

1회차 심리극에서 내가 아버지를 상대로 한 일은 이 정도였습니

다. 핵심은 관계를 바꿀 '다른 마음'을 받아들일 준비가 되었는지에 있습니다. 마음이 열려야 비로소 관계도 조금씩 나아집니다.

아들과의 심리극

다음으로 아들을 중심으로 상담을 진행했습니다. 이 관계 회복의 두 축은 아들과 아버지 모두니까요.

김 : 아들. 내가 보니까 너도 아빠한테 쌓였던 분노가 비행으로
　　 표출되는 것 같아. 너 계속 이렇게 살다가 나중에 어떻게 될
　　 것 같아?

들 : … 양아치 될 것 같아요.

김 : 그래? 그럼 5년 뒤, 10년 뒤 양아치 모습 한 번 가보자. 내가
　　 너 아는 형 역할 해볼게.
　　 (아는 형 역할) 야, 씨발, 너 인사 똑바로 해. 형한테 좋은 일
　　 자리 하나 있는데 너 해볼래? 나이트 접수해야 하는데 그 새
　　 끼 살짝 찌르고 오면 좋겠다… 돈 전반 원 줄 테니까 뒤지지
　　 않을 정도만 찔러버려. 알겠지? 할 수 있지?

나와 아들은 이런 식으로 범죄에 연루된 뒤, 경찰에 잡혀 교도소에 가는 상황까지 연기했습니다. 그리고 다시 아이에게 물었습니다.

김 : 너 이렇게 되면 행복할 것 같아?

들 : 아니오.

김 : 여기서 빠져나오는 방법은 하나뿐인 것 같아. 앞으로 엄마나
아빠가 너의 마음도 들어주고 대화가 된다면 아빠한테 해결
하고 싶은 문제를 상의도 하고 이럴 수 있겠어?

들 : 네.

김 : 그럼 이제 마음 한 번 만나볼래?

들 : 네.

김 : 야… 나, 네 마음이다. 솔직히 저게 아빠냐? 저건 아빠도
아니야. 야구방망이로 너 죽일 듯이 때렸잖아. 그때 칼 들
었을 때 확 죽여버렸어야 하는데… 너 여기 왜 왔냐? 변할
생각 하지 마. 다음에 또 그러면 의자로 그냥 찍어버려.

아들은 긍정도 부정도 하지 않습니다. 맞장구치지도, 마음을 몰
아내기 위한 노력도 하지 않은 채 조용히 듣고만 있었습니다.

김 : 어때? 너 이 마음 있어? 없어?

들 : (고개만 끄덕인다.)

김 : 아빠랑 같은 마음이 있구나. 아빠는 그런 마음과 이별하려고
노력 중인데, 너는 어떻게 생각하니?

말은 없지만 표정으로는 뭔가 느끼는 기색이 보였습니다. 이런 경우 너무 강하게 밀어붙이거나 대답을 강요하지 않습니다.

김 : 그래. 오늘 마음을 만나봤으니 한 번 생각해 봐. 이 문제가 하루 이틀 된 것도 아닌데 오늘 당장 해결되겠니? 그래도 이번엔 선생님이 아빠 역할을 해볼게. 너도 내가 아빠라고 생각하고 얘기해 봐. 알겠지?

들 : (고개 끄덕 끄덕)

김 : (아버지 역할) 아들아. 아빠가 지금까지 너한테 때리고 욕하고 해서 미안하다. 이제 이런 마음이랑 이별해 보자. 너도 조금만 노력해 줘. 이제 나쁜 친구들이랑 어울리지 말고 학교도 잘 다닐 수 있겠어?

들 : 네.

김 : (아버지 역할) 그렇게 말해줘서 고맙다. 아빠가 좀 불안하긴 한데, 그래도 우리 아들 믿을게. 알겠지?

들 : … 네.

김 : (아버지를 바라보며) 아버님, 평소에 이런 얘기 해주신 적 있어요?

버 : 없어요.

김 : 이런 얘기 해주셔야 합니다. 하실 수 있겠어요?

버 : 네. 노력해 보겠습니다.

김 : 그럼 이것으로 첫 번째 세션은 마무리하겠습니다. 오늘 서

로의 마음을 읽어보고 상처도 만나봤습니다. 다음 주에는 어머니 얘기도 좀 들어 보고, 이 관계를 어떻게 구체적으로 복원할지 더 이야기해 보면 좋겠습니다. 다음 주에도 올 마음 있으세요?

다들 고개를 끄덕이며 오겠다고 했습니다. 헤어질 때가 되자, 들어올 때와는 달리 아버지는 허리를 숙여 고맙다는 인사를 건넸습니다. 나는 그에게 한마디 덧붙였습니다. "아이랑 오랜만에 만났으니까, 맛있는 거 먹고 가세요. 오늘 괜히 쓸데없는 얘기하지 말고 그냥 맛있게 밥만 드세요." 아이에게도 말했습니다. "아빠한테 맛있는 거 사달라고 해. 알았지?" 아버지와 아이는 서로 고개를 끄덕였습니다.

그렇게 헤어지고 일주일 뒤, 다시 모였을 때 이들은 이전보다 훨씬 편안해진 표정이었습니다. 두 번째 세션은 그동안 가족 갈등의 중간에서 가장 많이 버텨왔고 가장 상처받았을 어머니를 중심으로 진행했습니다. 아버지에게는 아내의 목소리를 대신 들어보게 하고, 아들에게는 어머니의 고단함을 연기해 보면서 서로가 서로에게 얼마나 보살핌을 빌려야 했는지 조금씩 알게 됐습니다.

마지막에는 아버지와 아들에게 '엄마(아내)에게 마음속에 있는 말을 해 보라'고 요청했습니다. 그들의 이야기를 들으면서 어머니는 펑펑 울었습니다. 이번의 울음은 분노와 아픔의 의미만 있었던 건 아니었습니다. 그것은 오랜 무게를 내려놓는 눈물이기도 했습니다. 모든 세션이 끝나고 감사 인사를 전하는 어머니의 표정에는 안도와 약간의 기대가 함께 묻어 있었습니다. 심리극이 끝난 뒤 우리는 현실적인 다음 단계를 함께 설계했습니다. 이 가족에게 필요한 것은 한 번의 회복이 아니라, 이 경험이 일상으로 이어지도록 하는 구체적이고 실천 가능한 방법이었습니다. 그 과정에 도움을 줄 수 있는 상담사를 연결해 드리는 것으로 모든 상담을 마쳤습니다.

이렇게 과거와 대면하고, 마음속에 변화의 씨앗을 심어주는 것까지가 나의 역할이라고 생각합니다. 물론 이 씨앗은 아직 약합니다. 싹을 틔우려면 물을 주고 햇빛을 비춰 주어야 합니다. 그 물은 서로를 향한 관심과 약속의 이행, 그리고 실패해도 다시 시도하려는 노력입니다. 가끔은 뒤로 물러나는 순간도 있을 것이고, 어쩌면 다시 화가 치밀어 오를 수도 있습니다. 그때마다 그들은 오늘의 장면을 떠올리며 '다른 마음'을 불러내고, 스스로와 서로를 다잡는 연습을 해야 합니다.

심리극 상담은 '완전한 치료'가 아니라 '변화의 문'을 여는 일입니다. 오늘 심어진 작은 약속들이 자라 다시 서로를 품을 때까지, 우리는 함께 걸어갑니다.

심리극 사례 2 - 끊어야만 하는 관계

낮은 자존감의 원인

방송을 통해 심리극 상담이 필요하다는 요청을 받고 만난 가족이 있었습니다. 의뢰인은 세 아이(13살 남아, 9살 여아, 4살 여아)의 아버지였는데, 아내와는 이혼 했고, 현재는 경제 사정으로 인해 할머니가 아이들을 키우고 있었습니다.

방송을 통해 의뢰되는 사례는 대개 정보가 부족합니다. 그래서 직접 만나 이야기를 나누며 가족의 감정 구조를 하나씩 짚어가는 것이 무엇보다 중요합니다. 첫 세션에서 할머니와 아버지를 만났을 때, 주위에는 스태프가 많았고 여러 대의 카메라가 켜져 있어 두 분 모두 긴장된 기색이 역력했습니다. 그래서인지 처음부터 속마음을 쉽게 털어놓지 않았습니다. 특히 할머니는 말투가 차분하고 온화해서 그 모습만으로는 이 가족의 실체를 판단하기 어려웠습니다.

그러나 일상생활을 촬영한 영상을 확인해 보니, 상황은 생각보다 훨씬 심각했습니다. 우선 할머니는 첫 만남에서 보였던 인상과 다르게 매우 신경질적이고 공격적인 태도를 보였습니다. 이를테면 할머니가 청소를 하고 있는데 아이들이 앉아 있습니다. 그러자 아이들에게 거친 목소리로 화를 내며 이렇게 말했습니다.

"야! 지금 청소하는 거 안 보여? 할머니가 청소하고 있으면 의자 들고 저리로 가야지!"

아이들은 눈치를 보며 서둘러 자리를 피했습니다. 상담에서 할머니는 "내가 엄마 역할을 대신하고 있다"고 했지만, 실상은 가정의 폭군 같은 존재였고, 아이들은 늘 숨죽이며 지내야 했습니다. 집 안 분위기 자체가 보이지 않는 추를 매단 듯 무겁게 가라앉은 느낌이었습니다. 그런데도 할머니는 자신이 만들어 낸 이 공기를 전혀 인식하지 못하고 있는 듯했습니다.

김 : 아이 셋을 키우시느라 많이 힘드시죠? 혼내실 때도 있으세요?
한 : 쉽지 않지만 어쩔 수 없죠. 아이들이 잘못된 게 있으면 지적하긴 하지만 많이 혼내진 않아요. 물론 가끔 때릴 때도 있었지만 심하게 그런 적은 없어요.

나는 이 대답에서 '거짓'이 아니라 '확신'을 읽었습니다. 이분은 스스로 기준을 세우고, 그 안에서 아이들을 양육한다고 생각하는 모습이었습니다. 자신의 문제를 인식하지 못한다는 점에서 상황의 심각성이 가볍지 않다고 판단했습니다. 만약 할머니의 말이 사실이라면 아이들에게도 별다른 정서적 문제가 없어야 할 것입니다. 하지만 큰아이는 눈빛부터 불안했습니다.

"나는 이 집에서 아무런 소용이 없어요. 나는 불필요한 존재고, 태어나지 말았어야 했어요. 차라리 죽고 싶어요."

이제 13살 된 아이가 이런 말들을 너무나 쉽게 또 자주 하고 있었습니다. 이런 표현은 반항이 아니라 '나는 사랑받을 자격이 없다'는 절망의 신호였습니다. 그런데 아이의 이런 마음을 대하는 할머니의 표현은 지나치게 공격적이었습니다.

"그런 얘기할 거면 차라리 나가서 살아! 그냥 엄마한테 가버려!"

이런 식의 반응은 아이의 마음을 완전히 닫아버리게 합니다. 게다가 이 아버지의 행동 패턴 역시 자신의 어머니와 놀라울 만큼 흡사했습니다. 이런 점으로 미뤄 볼 때 할머니가 아버지를 심리적으로 지배하고 있다는 느낌도 들었습니다. 예컨대 아이가 밥을 먹다 투덜대거나 불만스러운 표정을 보이면 할머니는 아버지를 불러 방으로 들어갑니다. 잠시 후 나온 아버지는 아이들에게 이렇게 말했습니다.

"야 너 그따위로 할 거면 그냥 엄마한테 가! 아빠도 힘든데 너까지 왜 이래. 그런 나약한 마음으로 세상 살 수 있겠냐?"

말투도, 어조도, 감정의 결도 할머니와 닮아 있었습니다. 통제와 공격성이 세대를 건너 반복되고 있었습니다. 엄마는 멀리 있고, 할머니와 아버지는 아이의 마음을 이해하지 못합니다. 그 결과 아이의 고립감은 깊어질 수밖에 없었습니다. 게다가 할머니는 아이들이 엄마와 연락하는 일에도 예민하게 반응했습니다. 카카오톡을 일일이 확인했고, 엄마와 주고받은 내용이 있으면 그걸 문제 삼아 아이를 다그쳤습니다. 그렇게 할머니와 함께한 지 2년. 밝고 활기찼던 아이는 어느새 자신을 '먼지 같은 존재'라고 표현하고 있었습니다.

아이가 청소할 때 잠시 앉아 있는 건 아무 문제가 아닙니다. 밥을 먹다 투덜거릴 수도 있습니다. 그럴 때는 다정하게 말로 타이르면 될 일입니다. 하지만 이 가정은 그런 자연스러운 행농을 '문세 헹동'으로 규정해 버렸습니다. 문제 행동이 아닌 걸 문제 행동으로 만들어 버리면서 진짜 문제가 발생한 셈이죠.

실제로 가정에서 아이를 지나치게 엄격하게 대하면 자존감이 크게 손상됩니다. 일부는 반발해 비행이나 가출로 이어지지만, 대부분은 그 불안을 안으로 삼킵니다. 그 결과 '나는 가치 없는 존재'라는 믿음이 깊게 자리 잡습니다. 이 아이 역시 분노와 불안을 밖으로 터뜨리는 게 아니라, 자기 자신을 해치는 방식으로 감당하고 있었습니다.

변화의 실마리를 찾기 위해 나는 할머니의 지난 삶에 관해 물어보았습니다. 한 사람이 살아온 과거는 지문처럼 흔적이 남습니다. 아마도 이 할머니의 안에는 외로웠던 시간, 버텨야 했던 기억, 그리고 '강해야 한다'는 오랜 신념이 새겨져 있을 겁니다. 그 신념으로 자신과 가족을 지켜왔을 것입니다. 그러나 그 단단함이 이제는 가족을 숨막히게 하는 벽이 되어 버렸습니다.

통제의 대물림

이 할머니는 아들이 중학생 무렵에 이혼을 하게 되었습니다. 그 시절만 해도 이혼은 지금보다 훨씬 더 큰 낙인으로 작용하던 때였습니다. '이혼녀'라는 말 하나로 사람들의 시선이 차갑게 변했고, 그 안에서 홀로 아이를 키운다는 건 버텨내야 하는 싸움에 가까웠습니다. 할머니는 늘 주변의 눈을 의식하며 살았습니다. 남들에게 손가락질 당하지 않으려면, 적어도 아이만큼은 도덕적으로 흠잡히지 않게 키워야 한다는 강박감에 사로잡혀 있었습니다. 행여 아이가 어디가서 삐딱하게 행동한다면, "여자 혼자 키워서 저렇다"는 식의 말을 들을지도 모른다는 불안이 늘 마음 한구석을 짓눌렀던 것이지요.

그 시대의 공기와 두려움을 이해하지 못하는 건 아닙니다. 다만 그 불안이 현재까지도 지속되면서 아이를 억압하고 가족을 숨 막히게 하는 것은 분명히 문제입니다. 그 안에는 '나처럼 힘들게 살지 않게 하겠다'는 의도가 담겨 있지만, 결국 '내가 두려워했던 세상에서 너는 실수하면 안 된다'는 통제의 언어가 섞여 있습니다. 그 때문인지 몰라도 내가 보기엔 이 아버지도 자존감이 많이 낮은 것 같았습니다. 그 마음 또한 그대로 아이에게 투사되고 있었습니다.

> 김 : 아버님께 여쭤보고 싶은데요. 지금 아이의 모습이 아버님의
>   어릴 적과 닮아 있지는 않나요?
> 버 : 네… 그런 것 같습니다. 아이를 이렇게 키우고 싶지 않았어요.
>   제 아이는 다르게 살았으면 좋겠다고 늘 생각해 왔는데…

이 아버지도 행복한 어린 시절을 보내지 못했습니다. '다르게 키우고 싶다'는 마음은 있었지만, 배운 방식이 통제뿐이었기에 그대로 반복하고 있었습니다. 그렇게 키웠고 그렇게 자랐으니, 아이들도 그 방식·그 틀·그 태도로 밖에 대할 수 없는 것이죠. 실제로 많은 부모가 품고 있는 생각이기도 합니다.

> '나는 더 많이 맞았고, 더 무서운 부모 밑에서 컸는데 뭐…
> 나 정도면 괜찮은 부모고, 내 아이도 이 정도는 참아야지.'

부모가 자신이 겪은 고통을 '참아냈던 자부심'으로 바꾸면, 그 경험은 '이만큼은 버텨야 한다'는 기준으로 변합니다. 이런 분들은 자신의 자녀에게도 똑같이 말합니다.

"이만큼은 해야 사랑받을 수 있어."

그 말은 아이에게 조건을 남기고, 결국 사랑을 '받는 법'이 아닌 '증명하는 법'으로 가르치게 됩니다.

새로운 사랑이 들어설 자리

이들의 관계와 과거를 알아보았으니, 이제 치유를 위해 본격적인 심리극을 진행할 차례였습니다. 우선 자신의 교육 방식이 옳을 뿐 아니라, 아이를 문제없이 잘 키우고 있다고 믿는 할머니의 단단한 확신을 흔들 필요가 있었습니다.

김 : 할머니, 이제 역할을 바꿔보겠습니다. 제가 할머니 역할을
　　　할 테니, 할머니께서 손자가 되어 보세요.
할 : 네.
김 : (청소하는 척 하며) 야! 할머니가 청소하면 벌떡 일어나서 저
　　　쪽으로 가든지, 아니면 돕든지 해야지! 뭘 그렇게 멀뚱멀뚱

앉아 있어! 니 애미가 그렇게 키웠니? 아유, 지 엄마한테

어떻게 배웠으면 이렇게 눈치도 없고 저 따위야!

할 : … (아무 말 없이 얼굴이 붉어진다)

이런 식으로 심리극을 마친 후, 나는 조심스레 물었습니다.

김 : 아이 마음이 어땠을 것 같아요?

할 : (울컥하며) 무섭고, 힘들었을 것 같아요.

김 : 할머니께서 보여주신 모습은 어떤가요?

할 : 좋아 보이지 않네요. 생각해 보니 제 아들도 그렇게 키웠던

것 같습니다.

김 : 그렇죠. 청소하는데 아이가 앉아 있는 게 그렇게까지 혼낼

일은 아닌 것 같아요. 왜 그렇게까지 하셨어요?

할 : 나도 왜 그랬는지 잘 모르겠어요. 아들도, 손주도 조금만

잘못하면 많이 혼내고, 때리기도 했던 것 같아요.

김 : 제가 보기엔 할머님의 남편분에 대한 부정적인 감정이 아들

에게 향했고, 지금은 며느리를 향한 분노가 손자에게 쏟아

지고 있는 것 같습니다.

할 : 네. 그런 면도 분명히 있는 것 같습니다.

이때 할머니는 자신의 행동이 어떤 결과를 낳았는지를 처음으로

자각한 듯했습니다. 그 표정에는 혼란과 후회가 동시에 비쳤습니다. 그리고 다음으로 아버지를 나오게 했습니다.

> **김** : 방금 어머님도 말씀하셨지만, 어릴 때 화도 많이 내고 맞기도 했잖아요. 그걸 당연하게만 생각하셨어요? 혹시 그 감정을 표현한 적은 없나요?
>
> **버** : 네. 무서워서 눈치만 봤어요. 내가 잘못했으니까 맞는 거라고 생각했습니다. 그게 당연한 일이라고 받아들였던 것 같아요. 내가 잘해야 어머니가 화를 내지 않을 거라고… 그래서 늘 잘하려고만 했습니다.

아버지는 그 시절을 떠올리며 고개를 숙였습니다. 그의 말처럼 그는 늘 '잘하려고' 노력했고, 정말로 바르게 살아온 사람일지도 모릅니다. 그래서 자신의 아이에게도 '잘해야 사랑받는다'는 메시지를 그대로 물려준 것입니다. 아이를 통제하고 다그치는 방식이 곧 사랑의 표현이라고 믿은 것이지요. 그러면서 생각했습니다.

> '나는 어머니 말씀을 잘 듣고도 이렇게 자랐는데, 왜 내 아이는 다르게 행동할까? 왜 엄마와 연락하지 말라는데 말을 안 듣고, 왜 툭하면 죽고 싶다고 하고, 왜 자신을 쓸모없는 존재라 느끼는 걸까?'

이처럼 아버지는 아이의 행동을 이해하지 못했습니다. 그러니 그 마음을 받아주는 것도 불가능했습니다. 아이의 고통을 '버릇 없음'으로, 슬픔을 '약함'으로 해석했습니다. 하지만 이것은 결코 옳은 방식이 아닙니다. 아이의 마음은 '지시'가 아니라 '이해'를 통해서만 열립니다. 그걸 모른 채 '잘 키운다'는 명목으로 감정을 통제하려 하면, 결국 사랑은 메시지가 아니라 명령이 되어버립니다. 이 관계를 풀기 위해 아버지의 마음을 직접 만나보기로 했습니다.

김 : (마음) 야, 아이 잘 키우려면 잘못한 건 바로잡아야지. 소리 지르고 매를 대서 고쳐야 하는 거야. 이게 잘 키우는 거야. 너도 이렇게 커왔잖아. 이 상담이 끝나면 나를 또 만나게 될 거야. 언제든 나를 불러. 그러면 내가 도와줄게. 윽박지르고, 강요하고, 안 되면 매도 들어야지. 알았지?

버 : (말없이 고개를 절레절레 흔든다)

김 : 이 마음, 만나보니 어떠세요?

버 : 떨치고 싶습니다. 그런데 막상 그런 상황이 되면 잘 안 됩니다.

아버지도 이 방식이 옳지 않다는 것을 알고 있었습니다. 하지만 그는 여전히 어머니 앞에서는 아이로만 존재했습니다. 어린아이의 모습으로 어머니의 말을 듣고 나면, 그 이후엔 다시 아버지가 되어 자신의 아이에게 그대로 실행하는 것이죠. 그는 그것이 '효도'이자 '책임'

이라고 믿었지만, 사실은 자기 안의 두려움을 다시 재현하는 행위일 뿐, 부모로서의 주체성은 없는 상태였습니다.

아이를 키우는 책임과 권한은 아버지에게 있습니다. 자신의 어머니가 하는 목소리를 따르는 것이 아니라, 스스로 '어떤 아버지가 될 것인지'를 결정해야 합니다. 나는 이 문제의 본질이 결국 할머니와 아버지의 관계에 있다고 보았습니다.

아이가 할머니와의 관계 안에서 정서적 상처를 받았다면 이제는 선을 그어야 할 때입니다. 아이를 위해서는 일단 따로 살고, 아버지가 주 양육자가 되어야 합니다. 또 아이는 엄마를 자유롭게 만날 권리가 있습니다. 그걸 인정해 주는 것이 회복의 첫걸음입니다. 그리고 할머니는 '양육자'가 아니라 '정서적 지지자'로 남아야 합니다. 가끔 만나서 그저 사랑한다고 말해주는 것으로 충분합니다. 세션의 마지막에 나는 할머니에게 말했습니다.

"할머니, 손주들에 관한 양육은 이제 아드님께 맡겨주세요. 그건 아버지가 해야 할 일입니다. 가끔 오셔서 손주들에게 맛있는 거 사주시고, 그냥 예뻐만 해주세요. 그리고 아이들이 엄마를 만나는 걸 반대하지 마세요. 그건 아이들의 권리입니다."

할머니는 고개를 끄덕였고, 아버지도 아이들의 미래를 위해 따로 살 방법을 찾아보겠다고 약속했습니다. 그렇게 심리극을 마무리하고 아이들을 불렀습니다. 아버지와 할머니는 아이들에게 진심으로 미안한 마음을 전했습니다. 그리고 앞으로는 달라지겠다는 약속도 했습니다. 두 딸은 펑펑 울었고, 큰아이도 눈시울을 붉혔습니다. 살면서 처음으로 '미안하다'는 말을 들었다고 했습니다. 엄마를 자유롭게 만날 수 있게 해주겠다는 말에 아이들은 눈물로 기쁨을 표현했습니다.

마지막으로 나는 다시 강조했습니다.

"아버님, 어머님께(아이들의 할머니) 아이는 제가 알아서 키우겠다고 분명히 말씀하셔야 합니다. 그리고 한 집에서 벗어나야 합니다."

가족에게는 함께해야 회복되는 관계가 있고, 끊어야 치유가 시작되는 관계도 있습니다. 이 아버지에게 후자는 어머니와의 관계이고, 전자는 전 부인과의 관계입니다. 끊어야 한다고 해서 어머니와 의절하라는 뜻이 아닙니다. 다만 서로의 삶에 과도하게 개입하지 않고, 건강한 거리를 두어야 합니다. 그 경계가 세워져야 비로소 아버지도 한 사람의 '부모'로 설 수 있습니다. 그리고 전 부인과의 관계 역시 '다시 잘 지내라'는 뜻은 아닙니다. 그건 내가 개입할 수도 없고, 해서도 안 되는 영역입니다. 다만 아이를 중심에 두고 협력해야 합니다. 아이의 삶에서 엄마를 지워버리는 건, 형태만 다를 뿐 하나의 학대이기 때문입니다. 아이는 부모가 키우는 것이 가장 좋습니다. 그 부모가 함께 살지 않더라도 그렇습니다. 아이에게 필요한 건 완벽한 가정이 아니라 서로를 존중하며 아이의 행복을 우선하는 어른들의 마음입니다. 결국 진짜 단절은 사람을 끊는 일이 아니라 상처의 고리를 끊는 일이어야 합니다. 그때 비로소 아이의 마음은 비워지고, 새로운 사랑이 들어설 자리가 만들어집니다.

마음 만나기

나의 어린 시절 돌아보기

· 어린 시절 내 부모가 나에게 폭력을 사용했던 순간을 떠올려 구체적으로 적어보세요.

· 그때 느꼈던 나의 감정은 무엇이었나요?

____

____

· 그 시절의 '어린 나'가 하지 못했던 말이 있다면 적어보세요.

____

____

____

____

지금의 양육 태도 점검하기

· 가장 최근에 아이에게 소리를 지르거나 체벌을 하거나 과하게 화를
낸 적이 있다면 그때의 상황을 구체적으로 적어보세요.

____

____

____

____

____

____

· 그 장면은 이번이 처음이었나요? 혹시 이전에도 반복된 적이 있나
요? 반복되었다면 처음 기억나는 장면을 떠올려 보세요.

· 그때마다 내 안에서 가장 먼저 올라오는 감정은 무엇이었나요?(분
노, 두려움, 무력감, 수치, 통제 욕구 등)

· 그 감정은 아이 때문인가요? 아니면 아이를 통해 다시 건드려진 내
감정이었나요?

내 감정·트리거 들여다보기

· 내가 아이에게 폭력 수준으로 화를 낼 때, 어떤 감정이 먼저 올라오나요?

· 아이의 어떤 행동이 내 감정을 가장 빠르게 자극하나요?

아이의 목소리 듣기

아이에게 물어보세요. 그리고 아이가 말한 내용을 그대로 적어보세요.

"엄마/아빠가 심하게 화냈을 때가 있었어?"

"그럴 때 너는 어떤 마음이 들었어?"

· 화가 올라올 때 바로 사용해 볼 '멈춤 행동'을 한 가지 정하세요. 그리고 한 달간 꾸준히 실천하세요. 예시) 5초 호흡 → 감정 이름 붙이기 → 말투 낮추기

· 지난 한 달간, 폭발하듯 화가 났던 순간은 언제였나요?

· 그 순간을 이전과 다르게 마주한 적이 있었나요?

· '나의 분노' 뒤에 있던 감정을 새롭게 발견한 적이 있나요?

· '괜찮아, 나는 오늘도 멈추기 위해 노력했어.' 이런 식의 문장으로 나를 격려해 보세요.

부록

심리극에 관하여

심리극이란 무엇인가

심리극psychodrama은 말로만 설명하던 문제를 '연기'라는 행동으로 펼쳐 보며 자신의 마음과 관계, 갈등의 본질을 알아차리도록 돕는 집단 기반의 심리치료 접근입니다. 심리극은 단순한 연극이 아니라, 한 사람의 삶에서 벌어진 장면과 관계를 무대 위에 재현하고, 그 과정에서 감정과 기억, 신념, 충동을 보다 생생하게 만나도록 돕는 치료적 방법입니다.

심리극의 핵심은 "이야기를 말로만 풀어내는 것"에서 멈추지 않고, 지금 여기에서here-and-now 실제처럼 장면을 구성해 몸과 감정, 관계의 흐름까지 포함한 '전체 경험'으로 다룬다는 데 있습니다.

심리극은 창시자인 야콥 레비 모레노Jacob Levy Moreno에 의해 '진실의 극장'으로도 불렸습니다. 이 표현은 심리극이 꾸며낸 연기가 아니라, 한 사람의 삶에서 실제로 존재했던 심리적 진실을 무대 위에 드러내어 통찰과 변화를 가능하게 하는 장이라는 뜻을 담고 있습니다.

1) 말이 아니라 '행동'으로 탐구합니다

심리극에서는 자신의 문제를 단지 설명하거나 분석하는 대신, 그 문제를 장면으로 재현하고 행동으로 표현합니다. 예를 들어 "부모 앞에서 위축된다"는 말을 하는 대신, 실제 부모와의 대화 장면을 무대에 올려 그때의 시선, 말투, 거리감, 멈칫하는 몸의 반응까지 살펴봅니다. 이처럼 행동으로 표현할 때, 스스로도 미처 몰랐던 감정과 기억, 관계의 패턴이 더 선명하게 드러납니다.

2) 자발성과 즉흥성이 변화를 만듭니다

심리극은 연극이 아니므로 정해진 대본이 없습니다. 그 순간 떠오르는 감정과 움직임을 따라가며, 자발성과 즉흥성을 회복하도록 돕습니다. 모레노는 인간에게 자발성이란 생존과 성장에 필요한 기본 힘이며, 자발성의 목표가 창조성이라고 보았습니다. 여기서 창조성은 예술적 재능을 뜻하기보다, 같은 상황을 늘 같은 방식으로 반복하지 않고 새로운 선택을 시도할 수 있는 심리적 힘을 의미합니다.

3) '현재성'이 중요합니다

심리극은 과거의 일을 다루더라도 그것을 멀리서 회상하는 방식이 아니라, 지금 이 자리에서 다시 일어나는 것처럼 재현합니다. 이 현재성이 생길 때 몰입이 깊어지고, 무의식적 내용(투사, 환상, 기억의

파편)이 더 잘 떠오르며, 정서적 갈등이 더 명료해집니다. 그래서 심리극의 장면은 과거·현재·미래를 오가더라도 늘 '지금 여기에서 체험되는 방식'으로 진행됩니다.

심리극의 진행 방식

심리극의 전형적인 흐름은 크게 세 단계로 나뉩니다.

준비(워밍업)

집단의 분위기를 안전하게 만들고, 참여자들이 몸과 감정의 긴장을 풀며 자기표현을 준비하는 단계입니다. 이 과정에서 집단 응집력과 자발성이 올라가고, 그날 다룰 핵심 주제도 자연스럽게 떠오릅니다.

행동화(시연)

한 사람이 주인공으로 선택되어 자신의 고민이나 갈등을 무대 위에서 장면으로 펼칩니다. 이때 다른 참여자들은 주인공의 삶 속 인물(부모, 배우자, 아이, 상사 등) 혹은 주인공 마음의 일부를 맡아 보조자아 역할을 합니다. 연출자는 장면이 지나치게 흩어지지 않도록 돕고, 감정이 충분히 드러나도록 필요한 기법을 적절히 사용합니다. 심리극의 중요한 특징 중 하나는 역할 바꾸기를 통해, 주인공이 상대의 자리에서 장면을 경험해 보도록 한다는 점입니다. 이는 단순한 이해를 넘어 정서적 공감과 통찰을 촉진합니다.

종결(쉐어링)

심리극이 끝난 뒤에는 집단이 주인공을 평가하거나 분석하기보다, 자신이 느낀 점을 나누며 정서적으로 '함께 경험한 것'을 공유합니다. 이를 통해 주인공은 혼자가 아니라는 감각을 얻고, 경험이 삶으로 이어지도록 정리할 수 있습니다.

심리극이 주는 효과

심리극은 감정을 '강하게 표현하는 것' 자체를 목표로 삼지 않습니다. 다만 심리극에서는 억눌려 있던 감정이 자연스럽게 드러나는 경우가 많고, 그 과정에서 긴장이 풀리는 정화(해방과 안도)가 일어날 수 있습니다. 그러나 중요한 점은, 정화가 치료의 끝이 아니라 변화의 시작점이라는 것입니다. 심리극은 정화 이후에도 감정을 이해하고 정리해 삶 속에서 다르게 행동힐 수 있도록 돕는 통합과 질서의 과정까지 포함합니다. 이 과정 속에서 참여자는 보통 다음과 같은 변화를 경험할 수 있습니다.

· 자기이해와 통찰이 깊어집니다.

· 관계에서 반복되는 패턴을 알아차리고, 다른 선택을 시도할 힘이 생깁니다.

· 감정을 표현하고 조절하는 능력이 자라납니다.

· 타인의 입장을 실제로 경험하며 공감 능력이 확장됩니다.

· 새로운 행동 방식(대안적 표현, 대처 전략)을 리허설하듯 연습할 수 있
  습니다.

심리극에서 자주 쓰는 대표 기법

심리극에는 다양한 기법이 있지만, 중요한 것은 '기법 자체'보다 주인공의 흐름에 맞게 언제 어떻게 쓰느냐입니다. 심리극에서 주로 사용하는 대표 기법은 다음과 같습니다.

역할 바꾸기 Role reversal : 주인공이 상대 역할을 맡아 장면을 경험함으로써 공감과 통찰을 얻습니다.

이중자아Double : 주인공의 말로는 표현되지 않은 내면을 보조자아가 대신 말해 주어 감정을 명료화합니다.

거울기법Mirror : 주인공의 행동을 밖에서 보게 하여 자기 인식을 돕습니다.

빈 의자 Empty chair : 실제로 마주하기 어려운 대상에게 말하고 감정을 표현하도록 돕습니다.

미래투사Future projection : 앞으로 벌어질 수 있는 장면(기대·두려움·희망)을 미리 펼쳐 보며 준비하고 선택지를 넓힙니다.

심리극은 한 사람의 삶에서 중요한 장면을 과거 현재 미래를 넘나들며 '지금 여기'에 다시 불러오고, 말보다 더 정직한 방식인 행동과 관계의 경험을 통해 마음의 진실을 만나게 합니다. 그리고 그 만남을 통해 감정을 해방하는 데서 멈추지 않고, 이해와 통합, 새로운 행동으로 이어지도록 돕는 방법입니다.

이 책이 심리극을 바탕으로 이야기를 풀어가는 이유도 여기에 있습니다. 독자들이 단지 '아, 그렇구나' 하고 고개를 끄덕이는 수준을 넘어, 자신의 장면을 떠올리고 마음으로 들어가 조금이라도 다른 선택을 할 수 있도록 돕기 위함입니다.

CASE. 2

방관과 자율 사이

1

방관, 잘못된 사랑의 또 다른 얼굴

반복과 반동형성, 양육이 흘러가는 두 방향

세상에 '아이가 어떻게 되든 상관없으니 무관심으로 키우겠다'고 생각하는 부모는 아마 없을 겁니다. 아이를 방치하고, 방관하는 부모들조차도 자신의 양육 태도를 '자율'이나 '독립'이라는 단어로 포장하는 경우가 많습니다.

독립적인 양육과 방관은 겉으로 비슷해 보일지 몰라도 본질은 완전히 다릅니다. 자율적으로 키우는 부모는 아이가 스스로 선택하고 시도할 수 있도록 정서적 안전기반을 제공합니다. '실패해도 괜찮다'는 신뢰 속에서 아이는 독립성과 자기효능감을 기르게 됩니다. 반면 방관하는 부모는 그 과정에서 관심과 공감이 결여되어 있습니다. 아이가 도움을 요청해도 "네가 알아서 해"라는 말로 일관하며 떠넘긴다면, 아이는 자율이 아니라 '고립'을 경험하게 됩니다.

유아교육학에서는 이를 위험한 자율성_{over-autonomy}이라 부릅니다. 적절한 개입과 지지가 없는 자율은 발달적 독립으로 이어지지 않는다는 것이죠. 결국 독립은 '연결'을 전제로 하고, 방관은 '단절'을 전제로 합니다.

내가 상담했던 부모들 중 아이를 방치하는 분들은 어린 시절 과잉보호 속에서 자란 분들이 많았습니다. 하나부터 열까지 모두 통제받는 환경에서 자라다 보니, 스스로 선택하고 책임지는 경험이 거의 없었던 것이죠. 그 결과 자율성이 떨어지고 타인에게 과도하게 의존하는 경향이 생깁니다. 스스로 생각해도 자신의 그런 모습이 싫었던 나머지 '나는 우리 아이에게 간섭하지 않을 거야'라고 결심합니다. 하지만 그 '비개입'이 과한 '무관심'으로 변해 있는 경우를 자주 봅니다.

물론 정서적으로 방관당하며 자란 부모가 똑같이 아이를 방관하는 경우도 전혀 없는 것은 아닙니다. 자신이 충분히 돌봄 받지 못했던 경험이 '정상'으로 내면화되어 있기 때문입니다. 과잉보호 속에서 자란 부모가 방관하는 경우도 있고, 방관 속에서 자란 부모가 다시 방관을 되풀이하기도 합니다. 양육의 양상은 결코 단선적이지 않습니다.

이런 현상을 설명하는 두 가지 이론적 시각이 있습니다. 첫째는 세대 간 양육의 전이_{intergenerational transmission of parenting}입니다. 이는 부모에게 배운 양육 방식이 다음 세대로 반복된다는 이론으로, 애착이론_{attachment theory}과도 밀접하게 연결됩니다. 즉, 부모가 받은 돌봄의 방식이 무의식적으로 자녀에게 재현된다는 것입니다.

반면 또 다른 시각은 보상적·반작용적 전이compensatory or reactive transmission입니다. 부모의 양육 방식을 그대로 따르지 않고, 그와 정반대로 반응하는 경우를 설명합니다. 예를 들어 통제 속에 자란 사람은 '나는 절대 간섭하지 않겠다'며 아이를 방관하기도 하고, 반대로 방관 속에서 자란 사람은 '나는 절대 무관심하지 않겠다'며 지나치게 개입하기도 합니다.

이런 이론적 시각 또한 따지고 보면 귀에 걸면 귀걸이, 코에 걸면 코걸이인 셈이죠. 결국 양육은 배운 대로의 반복이기도 하고, 배운 것에 대한 정반대의 행동을 하는 반동 형성이기도 합니다.

그래서 심리학이나 심리극 상담을 이론으로만 접근하면 얼마 지나지 않아 한계에 부딪힙니다. 물론 공부를 통해 인간의 마음을 이해하는 폭은 넓힐 수는 있지만 사람의 관계는 살아 있는 흐름 속에서 끊임없이 변화하는 만큼, 이론만으로는 그 가변성을 온전히 담아내기 어렵습니다.

다만 분명한 것은 뻗어가는 방향은 제각각일지라도 근저에는 '그때의 나'가 여전히 작동하고 있다는 사실입니다. 그래서 우리는 '내가 어떤 관계 속에서 자라왔는가'를 먼저 자각해야 합니다. 그 인식이야말로 세대를 넘어 관계를 치유하는 첫걸음입니다. 실제로 아이의 문제 행동으로 상담을 요청한 부모들 중, 어린 시절에 아무 문제 없이 건강하게 사랑받으며 자란 사람은 지금까지 거의 보지 못했습니다. 이걸 역으로 해석하면, 적절한 사랑과 자율 속에서 자란 사람들은 아이 역시 그렇게 키울 가능성이 높다는 뜻이 됩니다.

아이도, 부모도 문제를 모르는 가족

정서적 빙임이나 부모의 무관심 속에서 자란 아이들을 보면, 질문에 대한 반응이 느리고 표현이 단조로운 경우가 많습니다. 무엇을 물어도 짧게 대답하거나 "몰라요"로 일관하며, 자신의 감정을 구체적으로 설명하는 데 어려움을 겪습니다. 표정 역시 밝게 웃거나 풍부하게 드러내기보다는 무표정하거나 경직되어 있고, 움직임 또한 조심스럽고 소극적입니다. 이런 아이들은 학교나 또래 집단에서도 쉽게 겉돌고, 타인과의 관계 맺기에 어려움을 보이는 경향이 있습니다.

이런 양상은 단순한 성격 문제가 아니라, 정서적 결핍이 신경 발달과 자기표현 능력에 영향을 미친 결과로 볼 수 있습니다. 애착이론에서는 안정적인 양육자가 반복적으로 감정에 반응해 줄 때 아이는 '내 감정이 이해받을 수 있나'는 신호를 학습한다고 설명합니다.

반대로 돌봄이 일관되지 않거나 무관심하게 대처할 경우, 아이는 감정을 표현해도 받아들여지지 않는다는 경험을 축적하며 감정표현을 억제하거나 회피하는 방식을 택하게 됩니다. 이를 '정서적 억제emotional inhibition' 혹은 '회피형 애착avoidant attachment'이라고 부르는데요, 실제로 이런 아이들은 타인의 감정 신호를 인식하거나 공감하는 능력에서도 낮은 반응성을 보입니다.

또한 최근 연구에서는 지속적인 정서적 방임이 전전두엽과 편도체 연결 발달에 영향을 미쳐, 감정조절 능력과 사회적 반응성이 떨어지는 경향이 있다고 보고됩니다. 즉 표정이 굳어 있고, 말이 짧은 아이의 모습은 단순히 성향의 문제가 아니라 정서적인 교류의 부족이 뇌 발달과 사회적 기술 형성에까지 영향을 준 결과로 이해해야 합니다.

문제는 이런 상황임에도 부모가 자신의 양육 태도의 문제를 전혀 인식하지 못하는 경우입니다. 상담을 할 때도 "선생님, 저는 아이를 독립적으로 키우려고 노력한 거예요. 아이들은 스스로 크는 건데 뭐가 잘못됐다는 거죠?"라고 되묻는 분들이 꽤 있습니다. 나는 이걸 문제로 여기지 못하는 게 진짜 문제라고 생각합니다. 아이의 마음이 이미 병들어 있는데도 그 징후를 보지 못하고 있는 것이죠. 이럴 때 저는 이렇게 말합니다.

"아이를 보세요. 지금 아이의 상태가 부모의 양육을 그대로 말해 주고 있습니다."

아이는 말보다 행동으로, 표정으로, 몸으로 신호를 보냅니다. 늘 짜증을 내거나, 아무런 의욕이 없거나, 혹은 눈빛이 자주 멍해져 있다면 그건 단순한 사춘기의 일시적 반응이 아니라 마음의 경고일 수 있습니다. 그 신호를 알아차리지 못하면 부모는 아이의 문제를 '성격

탓'으로 돌리고, 결국 아이는 더 깊이 고립됩니다.

상담에서 만난 한 가정이 있습니다. 딸은 중학생이었고, 아들은 초등학교 5학년이었는데요, 둘 다 학교를 안 갑니다. 심지어 이 상담도 부모가 먼저 요청한 게 아니라 학교 측으로부터 연락을 받았습니다. 아이가 학교를 너무 자주 빠지는 데 상담을 해줄 수 있냐고요. 이런저런 과정 끝에 두 아이와 부모님을 만날 수 있었습니다.

나는 우선 동생에게 왜 학교를 가지 않냐고 물어봤습니다. 처음에 어쩌다 늦잠을 자서 한두 번 빠지게 됐는데, 여기에 대해서 부모님이 딱히 아무런 말이 없었다고 합니다. 그러다 보니 안 가도 되나 보다 해서 계속 안 가게 됐다는 겁니다. 지금도 새벽까지 게임 하다가 늦잠을 자게 되면 '그냥 늦었는데 가지 말지 뭐…' 하면서 결석하는 거고, 어쩌다 일찍 눈떠지면 간다고 합니다.

누나는 심지어 친구 집에서 지내고 있었습니다. 그러다 집에는 짐 챙기거나, 옷 갈아입으러 한 번씩 옵니다. 누나 역시 학교는 안 나간 지 오래고요. 가출이라고 하기는 애매한데 독립이라고 할 수도 없는 뭐 그런 상황이었습니다.

웬만한 부모라면 당연히 난리가 나겠죠. 그런데 이 부모님은 그냥 평온합니다. 얘기를 들어보니 학교 갈 시간인데 애들이 자고 있어도 안 깨운다고 합니다.

"어차피 자기 일인데 지각하면 하는 거고, 안 가면 안 가는 거

죠 뭐… 저희는 자율적으로 키워요. 간섭 안 하고, 알아서 하게
두는 거죠.”

이걸 자율이라고 불러서는 안 됩니다. 자율에는 ‘책임’과 ‘관심’
이 따라야 하는데, 이 집에는 둘 다 없기 때문입니다. 나중에 아이들
한테 부모님에게 하고 싶은 말이나 불만이 있으면 얘기해 보라고 했
는데, 한참 동안 침묵하더니 불만이 없다고 말했습니다. 그냥 편하고
좋다는 거예요. 이게 실은 포기 상태입니다. 부모에게 바람도, 기대도
없으니, 할 말도 없는 상태인 것이죠.

애기를 들어보니, 이 부모는 다 사업하는 분들이었습니다. 바빠
서 어쩔 수 없다고는 하지만, 사실은 아이들에게 신경 쓸 의지나 여력
이 없었습니다. 이분들이 하고 있는 부모의 역할이란 두 아이에게 카
드 한 장씩을 쥐여준 것이 전부였습니다. 그리고 아이들은 학교도 가
지 않은 채 그 카드로 밥을 시켜 먹고, 필요한 물건을 삽니다. 부모는
그걸 두고 아이들이 독립적으로 자라는 거라고 생각하고 있었고요.
처음엔 서로 편했을지 모르겠습니다. 그런데 그게 쌓이니 이 가족은
이제 각자 다른 섬에 사는 것만 같았습니다.

아이에게 묻지 않고는 모른다

물론 이 사례는 매우 극단적입니다. 대부분은 이 정도까지 아이

를 방치하진 않겠죠. 그러나 아이의 정서 상태를 살피지 못하는 부모는 생각보다 많습니다. 아이가 눈에 띄는 문제 행동을 보이지 않으면 괜찮다고 여기기 때문입니다. 우리는 행동이 아니라 마음을 봐야 합니다. 아이가 지금의 마음은 어떤지, 어떤 마음 때문에 행복하고, 불행하고, 기쁘고 슬픈지, 혹은 부모의 행동과 말이 섭섭하거나 과하지는 않은지, 괜찮은지 물어야 합니다. 그런데 자꾸 사람들은 이걸 주위 지인한테 물어보고, 친구들한테 물어보고, 나한테 물어봅니다. 강연을 하다 보면 이런 질문을 하는 분들이 참 많습니다.

> "선생님, 얼마 전에 아이와 이런저런 일이 있었고요, 그러자 아이
> 가 이런저런 행동을 했는데요, 대체 이 아이의 마음은 뭘까요?"

아무리 내가 심리극 전문가이고 오랫동안 상담을 해 왔다지만 아이 마음이 어떤지 어떻게 알겠습니까. 아이의 마음은 아이가 알겠죠. 결국 부모가 해야 할 일은 단순합니다. 아이의 이야기를 직접 듣는 것입니다. 자율과 방치의 기준 역시 마찬가지입니다. 이 또한 아이마다 다를 수 있습니다. 누군가에게는 어떤 수준의 관심이 편안한 사랑이지만, 또 다른 아이에겐 부담스러운 통제일 수 있습니다. 반대로 부모의 이 정도 관심이 어떤 아이에게는 무관심일 수 있는데, 또 다른 아이에게는 더할 나위 없는 응원일 수 있습니다. 그 기준을 나는 알 수 없습니다. 그러니 아이와 대화해야 하고, 그걸 통해서 찾아야 합니다.

물론 아이와 자주 대화하지 않은 부모라면 처음부터 아이가 눈을 빛내며 진심을 다해 진솔하게 자신의 마음을 말하지 않을 겁니다. 그럴 땐 부모가 먼저 자신을 열어보세요. 오늘 어떤 하루를 보냈는지, 그때 어떤 마음이었는지 얘기하고 아이에게도 물어보세요. 아이가 무반응이나 단답으로 대답하더라도 최선을 다해 반응을 보여주고, 다음 날도 또 똑같이 해보세요. 이런 인고의 과정을 거쳐야 합니다. 그렇게 하루 이틀하고, 일주일 이주일 하고, 한 달 두 달 하면 아이도 결국 깨닫고 반응하기 시작합니다.

"이런 건 엄마가 좀 챙겨줬으면 좋겠어. 이 정도는 내가 할 수 있으니까 믿어줘."

그러다 나중에 이 정도까지 발전하게 되면 이런 대화를 바탕으로 지나친 방관도, 과한 개입도 아닌 그 사이 중도 어딘가를 맞출 수 있습니다.

무조건 아이가 해달라는 대로 해주라는 게 아닙니다. 대화하되 아이가 지나치게 의지하려고 하면 적당한 선에서 막고, 과한 걸 요구하면 끊을 줄도 알아야겠죠. 다만 그 기준점을 함께 만들어 가는 것과 부모가 혼자 일방적으로 정하는 것은 너무나 큰 차이가 있습니다.

나는 아이의 성장 단계마다 이런 점검이 필요하다고 생각합니다. 아이를 교정하려 하기보다, '이 아이가 왜 이런 반응을 보일까?'를 묻는 것이 출발입니다. 아이를 통해 부모 자신을 돌아보는 것이 건강한 양육의 핵심입니다.

결국 자율과 방치의 경계는 이론이 아니라 아이의 신호에서 드러납니다. 말이 줄고 표정이 굳으며 기대를 접는 모습이 보인다면, 아이는 자율이 아니라 고립을 경험하고 있을 수 있습니다.

부모가 할 일은 복잡하지 않습니다. 대신 결정하지도, 모두 맡기지도 말고, 아이의 마음을 묻고 그 대답에 반응하는 것입니다. 그 과정이 반복될 때 자율은 독립으로 이어집니다. 양육은 아이를 고치는 일이 아니라, 관계를 점검하는 일입니다. 아이를 통해 부모 자신의 과거와 현재를 돌아보고 그 연결을 자각하는 순간, 세대를 넘어 반복되던 부정적 양육의 고리는 비로소 느슨해지기 시작합니다.

2

심리극 사례 3 - 원하지 않았어도, 부모가 되었다면

부모를 포기한 아이

이번 케이스는 심리극 상담을 의뢰한 사람이 아이의 이모였습니다. 초등학교 6학년 여자아이인 서아(가명)는 이모와 있을 때는 활달하고 밝지만 부모 앞에서는 전혀 다른 사람처럼 변할 뿐 아니라, 부모와의 정서적인 교류도 전혀 없다는 겁니다. 게다가 이모의 말에 의하면 아이의 마음 상태가 몹시 위험해 보였기에 빠르게 상담을 잡고, 아이와 이모 그리고 부모까지 함께 만나게 되었습니다.

처음 이런저런 얘기를 나눠보니 우선 어머니는 정신적으로 매우 불안정한 상태였습니다. 몇 년째 우울증 약을 복용 중이었는데, 그 병리적인 요인이 정서적 방관으로 이어진 것 같았습니다. 아버지 역시 평소 아이에게 거의 말을 걸지 않는다고 했습니다. 그러다 보니 어느 순간부터 이모가 아이를 대신 챙기게 되었고, 점점 그들의 일상 속으로 깊숙이 개입하게 되었습니다.

이모는 "언니가 힘들겠지만 그래도 조카를 조금 더 적극적으로 보살펴 줘야 하지 않겠느냐, 학교 갔다 오면 대화도 하고 간식이라도 챙겨주라"는 말을 여러 번 했지만, 어머니는 언제나 듣는 둥 마는 둥 했다고 합니다. 그렇다고 이모가 주 양육자가 될 수도 없는 노릇이었기에, 결국 마지막 희망으로 저를 찾아온 것이었습니다.

대략적인 이야기만 들어봐도 이 부모가 아이를 제대로 돌볼 수 있을지 의문이 들었습니다. 일단 두 부모 모두 아이에게 무엇을 해줘야 하는지조차 인식하지 못하고 있다는 게 가장 큰 문제였습니다. 어머니는 "아이가 어릴 때 내가 많이 아파서 거의 할머니가 돌봤다"고 했습니다. 실제로 할머니와 함께 살던 시절엔 아이가 비교적 안정적이었지만, 할머니가 돌아가신 뒤로 모든 균형이 무너졌습니다. 나는 우선 아이의 마음을 만나보기로 했습니다.

김 : 서아야 안녕? 나는 너의 마음이야. 엄마 아빠가 너한테 그
렇게 무관심한 건 언제부터였어?

딸 : 나는 할머니가 키워줬고, 할머니가 돌아가셨을 때 제일 힘
들었어. 엄마 아빠가 나한테 해준 건 하나도 없고, 할머니
생각만 나. 할머니가 보고 싶어. 할머니 돌아가셨을 때 세
상이 다 떠난 것 같았어.

엄마 아빠에 대해 물었는데, 아이는 할머니 얘기만 합니다.

김 : 엄마 아빠한테는 바라는 것도 없고, 할머니만 생각나는구
나? 할머니가 서아한테 어떻게 해주셨어?"
딸 : 학교 수업이 끝나면 맨날 할머니가 와서 내 손 잡고 데려가
줬어… (엉엉 울며) 그때가 너무 생각나. 요즘도 가끔 할머니
곁으로 가고 싶어."

이런 말이 오늘 처음 충동적으로 나온 게 아니었습니다. 이모가 상담을 신청해야겠다고 마음 먹었던 결정적인 이유도 아이의 자살 충동이었습니다. 이대로 두면 정말 큰일 나겠다 싶어 급히 도움을 요청한 것이었죠. 심지어 아이가 이런 생각을 하고 있다는 사실을 부모 또한 알고 있으면서도 아무 말이 없었다고 합니다. 나와의 상담에서 아이가 할머니 곁으로 가고 싶다고 말했을 때도 별다른 반응이 없었습니다.

다만 지금은 부모를 어떻게 하는 것보다 아이의 마음을 읽어주고, 자살 충동을 끊어내는 게 급선무라고 판단했습니다. 그래서 내가 돌아가신 할머니 역할을 대신하는 심리극을 통해 아이와 마음 대화를 시도했습니다.

김 : (할머니 역할) 서아야… 할미야. 우리 손주 많이 컸네.

딸 : 할머니… 할머니!! (흐느끼며) 보고 싶어. 할머니 너무 보고
싶어.

김 : 할미가 우리 서아 이렇게 힘든 줄 몰랐네. 근데 서아야…
할미는 지금 너를 만나고 싶지 않아. 아주 나중에, 우리 서아
가 할미보다 더 나이 들어서 건강하고 행복하게 잘 살다가
그때 보자. 지금은 행복하게 사는 모습을 보여줘야지.

딸 : 엄마 아빠는 아무것도 안 해줘. 기대도 안 해. 나는 할머니
한테 가고 싶어. 할머니, 나 그냥 가면 안 돼?”

김 : 안 돼. 그런 나쁜 생각하면 안 되는 거야. 엄마 아빠도 지금
마음이 아파서 그래. 조금만 기다려 보자. 언젠가 엄마 아
빠도 너를 따뜻하게 안아줄 거야.

아이는 대화를 이어 나가지 못할 정도로 오열하고 있었습니다.
그런데 그 순간, 엄마 아빠의 얼굴에서 처음으로 감정 변화가 보였습
니다. 그것은 분명 안타까움과 후회의 표정이었습니다.

원치 않은 출산이 남긴 상처

이제 어머니의 이야기를 들어야 할 차례였습니다. 어머니는 자
신에게 문제가 있다는 걸 알고 있었지만, 마음이 움직이지 않는다고
했습니다.

"아이에게 간식이라도 챙겨주고 싶지만, 여력이 없어요. 저는
결혼하지 말았어야 했고, 엄마가 되지 말았어야 했어요."

왜 이렇게까지 말했을까요? 나는 어머니의 마음에 조금 더 깊이
들어가기 위해 어머니의 마음이 되어 대화를 시도했습니다.

김 : (마음) 그래… 너 스스로 엄마가 되지 말았어야 했다고 생
각하는구나. 왜 그렇게 느끼니?"

이 질문을 듣고 나서 어머니는 참았던 울음을 터뜨렸습니다. 이
어머니에게는 결혼 전에 만난 남자 사이에서 원치 않은 임신이 있었
습니다. 아이의 친부는 책임을 지지 않고 떠났습니다. 우울의 터널은
깊어졌고, 이후 지금의 남편을 만나게 되었습니다. 남편은 아이가 있
어도 상관없다고 아내를 설득했고, 둘은 결혼을 하게 됐지만 여전히
상처는 아물지 않았습니다. 아이를 낳은 후에 산후우울이 찾아왔고,
시간이 갈수록 점점 더 심해졌습니다. 그러면서 결국 스스로의 고백
처럼 아이를 바라볼 힘이 사라지게 된 것이죠. 이 과정에서 아이에게
상처를 주는 말들도 많이 했습니다.

"나는 너를 키울 수 없으니, 네가 알아서 하렴. 나는 돌봄도 못
하고 엄마 자격도 없는 사람인데 너를 낳았어."

임신 초기에 중절을 결심했다가 초음파로 아이의 심장 소리를 듣고 마음을 바꿨다는 이야기까지 털어놓았습니다. 그렇지만 '역시 낳지 말았어야 했다'는 후회가 자신을 지배하고 있다고 합니다. 심지어 그 얘기를 아이에게 한 적도 있었다니, 아이가 부모에게 아무런 기대와 애정이 없는 것도 무리는 아니었겠다는 생각이 들었습니다.

물론 이 어머니의 사연에는 이해할 수 있는 맥락이 있습니다. 그러나 어떤 이유에서든 아이에게 필요한 돌봄이 멈춰버린다면, 그 상처는 고스란히 아이에게 남게 됩니다. 이제 중요한 질문은 '왜 이렇게 되었는가'가 아니라, '지금부터 무엇을 회복해야 하는가'일 것입니다. 부모의 회복은 곧 아이의 회복이며, 아이는 그 변화를 누구보다 먼저 느낍니다.

김 : 무책임하게 떠난 친부에게 받은 상처와 분노가 아이에 대한 방관으로 이어진 건 아닐까요? 어머니의 우울은 이해하지만, 아이를 바라보는 눈은 달라져야 합니다."

어 : 맞아요. 제가 힘들다는 이유로 아이를 못 본 건 잘못이었어요.

나는 어머니에게 다시 마음을 만나보자고 했습니다.

김 : (마음) 네가 먼저 서아를 바라본다면, 서아는 언제든 다가갈 거야. 네가 손 잡아주고, 눈을 바라봐 주고, 따뜻하게 말

해 줘야 해. 넌 엄마니까.

어 : ……

김 : 어머니 안에 이 마음 있어요, 없어요? 만나보니 어떤 생각

    이 드세요?"

어 : 그런 마음이 분명 있었는데, 잊고 살았던 것 같아요. 선생

    님… 제가 다시 할 수 있을까요?

김 : 물론이죠. 어머니도 상처가 많겠지만, 이제는 아이의 상처

    를 봉합해 주셔야 합니다.

어머니는 처음의 예상과는 달리 아이에게 마음이 전혀 없었던 것은 아니었습니다. 다만 아이에게 다가가는 일이 너무 힘들었던 것 같습니다. 그렇게 미안함이나 따뜻함을 표현하지 못한 채 일 년, 이 년이 지나가 버렸습니다. 어느새 관계는 서서히 굳어졌고, 결국 서로의 마음을 봉합할 기회마저 놓치게 되었습니다. 그 밑바탕에는 아이의 친부로부터 받은 상처, 아이에 관한 미안함과 두려움이 자리하고 있었겠지요.

여기엔 아버지도 크게 다르지 않았습니다. 아이를 어떻게 해야 할지 몰랐고, 아이는 아이대로 점점 말을 아끼게 되었습니다. 시간이 지나면서 서로에게 특별히 미움이나 싫은 감정이 있는 것이 아닌데도 데면데면한 관계가 되어버렸습니다. 정서적인 단절이 오랜 시간 쌓이면서, 함께 있어도 마음이 닿지 않는 상태가 된 것입니다. 특

히 이 아버지는 자신이 친아빠가 아니라는 사실 때문에 더 조심스러웠습니다. 괜히 아이가 불편할까봐 말을 아끼고, 무슨 이야기를 해주는 것도 늘 주저했다고 합니다. 그런 조심스러움 때문에 어느덧 침묵이 관계의 기본값이 되어 버렸습니다. 나는 아버지에게 딱 하나만 실천해 볼 것을 권했습니다.

> "앞으로 아이가 학교 갔다 오면 이름을 불러 주시고, 밥은 먹었는지, 학교에서 어떤 일이 있었는지만 물어봐 주세요. 지금은 그것만으로 충분합니다."

아버지는 고개를 끄덕이며 "꼭 그렇게 하겠다"고 했습니다.

마음을 다시 잇는 시간

이 과정을 지켜보던 아이 역시 '엄마 아빠가 정말 나를 싫어했던 게 아니구나. 사실은 나에게 마음이 있었구나.' 라는 걸 깨닫게 된 것 또한 긍정적인 변화였습니다. 나는 이 관계의 봉합을 위해 엄마에게 말했습니다.

> 김 : 엄마가 서아에게 꼭 하고 싶은 말이 있으면 지금 해보시겠어요?

어 : 서아야… 엄마가 그동안 미안했어. 엄마가 너한테 하지 말

았어야 할 말을 했고, 상처 줬지… 이제는 너를 먼저 바라

보고, 매일 안아줄게. 네 편이 되어줄게.”

엄마는 진심으로 사과했고, 아이는 그 사과를 받아들였습니다. 부모에게 이런 표현을 들은 것 자체가 처음이었던 만큼 그 울림은 더 컸습니다.

김 : 서아도 엄마 아빠에게 하고 싶은 말 있니?”
딸 : 엄마가 학교 갔다 오면 나를 바라보며 따뜻하게 얘기해 줬

으면 좋겠어요. 아빠도 그런 생각하고 있는지 몰랐어요. 친

아빠라고 생각하고 편하게 말 걸어 주세요. 아빠가 그렇게

해주면 나도 편하게 얘기할 수 있을 것 같아요.

아이의 바람은 거창하지 않았습니다. 그저 눈을 맞추고, 이름을 불러주고, 하루를 물어봐주는 일. 그 단순한 접촉이 없었기 때문에 아이의 마음은 오랫동안 닫혀 있었던 겁니다. 생각해 보면 이 가족은 누구도 마음을 표현하지 않은 바람에 너무 멀리 돌아왔습니다. 관계에는 골든타임이 있습니다. 부모와 아이 역시 마찬가지입니다. 마음이 멀어졌을 때 다시 손을 내미는 시점이 빠를수록 회복은 훨씬 수월해집니다. 그 손길은 아이에게 ‘사랑받고 있다’는 신호가 됩니다. 그러

나 이런 노력조차 하지 않고 너무 오래 외면하면 아이도 결국 스스로 문을 닫습니다. 그렇게 마음의 문이 닫힌 채 시간이 지나버리면 자존감 저하로, 만성적 불안으로, 자살 충동으로 이어질 수 있는 것이죠.

아이에게 필요한 것은 "오늘 너는 어떤 하루를 보냈니?"라고 묻는 한 문장, 그리고 그 질문에 진심으로 귀 기울여주는 단 10분의 시간입니다.

3

마음 만나기

나의 어린 시절 돌아보기

· 어린 시절, 부모가 나를 키웠지만 함께 있지는 않았다고 느낀 순간
이 있었나요?

· 힘들거나 무서웠을 때, 부모에게 기대고 싶었지만 혼자 견뎌야 했던
장면이 있나요? 그때의 분위기, 부모의 말투, 집 안의 공기, 그리고 내
몸의 느낌을 적어보세요.

· 그 시절의 '어린 나'가 가장 원했던 것은 무엇이었나요?

지금의 양육 태도 점검하기

· 지난 한 달 동안, 아이가 힘들어 보였지만 '알아서 하겠지'라며 넘긴
순간이 있었나요?

· 아이의 감정 표현을 귀찮게 느끼거나, 대화를 미뤄버린 때는 없었나요? 있었다면 그때의 분위기 아이의 요청, 집 안의 공기, 내 마음을 구체적으로 적어보세요.

____

____

____

____

· 나는 아이 문제 앞에서 개입하지 않는 이유를 '존중'이나 '자율'로 포장하고 있지는 않나요?

____

____

____

____

· 아이가 감정을 드러낼 때, 내 안에서 올라오는 부정적인 반응이 있다면 적어보세요.(귀찮음, 피로, 무기력, 부담감, 도망치고 싶은 마음 등)

____

____

· 아이가 처한 중요한 상황임에도 관여하고 싶지 않거나, 도망치고 싶
을 때가 있나요?

· 그 순간의 나는 아이를 외면하고 있는 걸까요, 아니면 나 자신을 보
호하고 있는 걸까요?

아이의 목소리 듣기

아이에게 물어보고, 아이가 말한 내용을 그대로 적어보세요.

"엄마/아빠가 네 마음을 잘 모른다고 느낄 때가 있어?"

"엄마/아빠가 너한테 너무 관심 없는 것 같다고 느낀 적은 없어?"

"그럴 때 어떤 마음이 들었어?"

실천하기

· 아이에게 먼저 다가가거나, 적극적으로 반응해야 하는 상황을 몇 개
정해서 적어보세요. 그리고 한 달 동안 꾸준히 실천하세요.

예시) 아이가 말 걸 때 핸드폰 내려놓기, 하루 한 번 "오늘 어땠어?"를 먼저 묻고, 대답이
없으면 나의 하루를 들려주기, 조언 없이 참견 없이 5분만 아이 말 듣기

· 지난 한 달 동안, 아이와 아무 목적 없이 함께 있었던 순간은 몇 번
이나 있었나요?

· 예전 같으면 무심히 넘겼을 감정 신호를 알아차린 장면이 있었나요?

· 아이의 반응에 어떤 변화가 느껴졌나요? (말투, 표정, 거리감 등)

· 아래 문장을 참고해, 나만의 결심을 적어 보세요.

예시) 나는 아이를 혼자 두는 부모가 아니라, 곁에 남아 있는 부모가 되겠다,
　　　모르겠어도, 해결 못 해도, 최대한 들어주겠다.

CASE. 3

조건부 사랑의 대가

1

물질로 대체할 수 없는 것

아이와의 관계는 거래가 아니다

조건부 사랑은 부모가 정한 규칙과 관점을 아이가 잘 따를 때 비로소 '좋은 아이'라고 느끼며, 그렇지 않을 때는 실망하거나 거리를 둡니다. 겉으로는 "다 너 잘되라고 하는 말이야"라고 하지만, 실은 부모의 세계 안으로 아이를 끌어들이려는 요구일 때가 많습니다. 대부분은 성적을 기준으로 하지만, 어떤 경우 성적은 기본값이고 세세한 생활 태도나 말투까지 통제하는 부모들도 적지 않습니다.

게다가 이런 관계에서 보상이라고 하는 것이 물질적인 형태가 전부입니다. 아이가 말을 잘 듣거나 성적이 오르면 장난감, 옷, 외식 같은 대가가 따라올 뿐 정서적인 안정이나 따뜻한 교감은 이루어지지 않습니다. 그리고 부모는 잘 먹이고, 잘 입히고, 비싼 학원에 보내는 것만으로 부모의 역할을 충실히 하고 있다고 믿으며 스스로 만족해하곤 하지요. 인간은 물질적인 것만 채운다고 해서 결코 행복해지지 않습니다. 아이들은 더더욱 그렇습니다. 정서적 교감과 따뜻한 인정이야말로 삶의 근본 에너지가 됩니다.

미국의 심리학자인 칼 로저스Carl Rogers는 '인간의 성장은 무조건적인 긍정적 존중 위에서 가능하다.'고 했습니다. 나는 이 이론에 동의합니다. 그런데 조건부 사랑은 무조건적인 긍정적 존중의 정 반대편에 존재합니다. 정서적 안정 없이 오직 행위와 보상만이 반복되면 아이는 '사랑받기 위해서' 부모의 기대를 충족해야 한다는 신호를 내면화합니다. 부모의 기분이나 반응에 지나치게 예민해지고, 결국 자신보다 타인의 기준에 맞춰 살아가게 됩니다. 그 속에는 불안과 외로움이 자리 잡습니다.

물론 아이가 바람직한 행동을 했을 때 작은 보상을 주는 것은 자연스러운 일입니다. 하지만 그 효과가 제대로 작용하려면, 그 이전에 부모와 아이 사이에 따뜻한 유대가 바탕이 되어야 합니다. "네가 있어서 고마워", "오늘도 수고했어" 같은 말들이 공기처럼 떠다녀야 물질적 보상도 따뜻한 의미로 받아들여집니다. 만약 모든 관계가 '잘하면 사랑받고, 못하면 외면받는' 구조로 흘러간다면, 그것은 사랑이 아니라 거래에 불과합니다.

정서적 호응의 중요성

보통 이런 양육 방식으로 인해 문제가 발생하는 경우를 보면 부유한 가정의 아이들이 많습니다. 다만 그 부모들의 마음을 조금 더 깊이 들여다보면 그 안에서도 다양한 층위가 나뉩니다. 어릴 적 거의 방치된 채 자랐지만 스스로 자수성가한 한 아버지는 자신이 받지 못했던 물질적인 지원, 채우지 못했던 결핍을 아이를 통해 보상받으려고 합니다.

반면 일가 친척은 물론 가족이 모두 판검사인 집안에서 태어나 엄격한 통제와 관리 속에 살면서 결국 자신도 검사가 된 아버지는 자신의 삶에 별다른 불만이 없었다고 합니다. 자신이 그렇게 자랐기에 자식도 그렇게 키우는 것이 옳다고 믿습니다.

전자의 부모는 어린 시절 새장 안에서 보호받길 원했지만 그러지 못했습니다. 그래서 아이만큼은 자신이 만든 새장 안에서 안락하게 지내길 바랐습니다. 후자의 부모는 자신이 새장 속에서 만족하며 살았기에, 아이 역시 그 안에서 행복할 거라 생각했습니다. 이 두 아버지는 진심으로 아이를 위한다는 확신이 있었지만, 안타깝게도 그 확신은 빗나가고 말았습니다. 이 아이들 모두 새장 안의 새가 되기를 격렬하게 거부했기 때문입니다.

그런데 이런 상황에서 부모가 자신의 방식이 틀렸음을 인정하고 아이의 마음을 진심으로 들여다보는 경우는 거의 없습니다. 오히려 아이를 이해하지 못한 채, "다른 아이들은 다 잘 따르는데 너는 왜 이러니?”, “너는 나약하고 의지가 부족해” 같은 비난으로 이어지는 경우가 훨씬 많지요. 그렇게 갈등의 골은 점점 깊어갑니다.

　게다가 앞서 말했듯 이런 부모들은 결코 정서적으로 호응해 주지 않습니다. 아이가 바라는 건 그저 자신의 마음을 알아주고, 이야기를 들어주고, 공감해 주는 것뿐인데 누군가에겐 그게 너무나도 어렵습니다. 심지어 나는 심리극 상남에 와서 친구와 다퉈 속상해하는 아이에게 “친구? 친구가 뭐가 중요하고, 마음이 뭐가 중요해. 학원가는 게 중요하지”라고 말하는 부모를 본 적도 있습니다. 이런 분들은 정서가 중요하지도 않고, 왜 중요한지도 알지 못합니다.

　이게 어떤 특수한 사례가 아닙니다. 아마 이 책을 읽는 분들 중에서도 ‘세상에 이런 부모가 다 있나?’ 하고 혀를 끌끌 찰지도 모릅니다. 이것이 나의 문제, 내 아이의 문제일 수도 있다는 생각은 조금도 하지 못하죠. 사실 스스로의 양육 태도를 돌아보고 성찰할 수만 있어도 문제는 이미 절반 이상 해결된 셈입니다.

　문제는 늘 ‘문제인 줄 모르는 상태’에서 자랍니다. 아이의 문제가 아직 마음속에서 머물 때는 해결이 어렵지 않지만 행동으로 터져버리면 그때는 돌이키기 힘듭니다. 그러니 이 책을 읽으면서, 자신의 모습을 한 번이라도 돌아보기 바랍니다. 스스로를 객관적으로 살펴보는 것이야 말로 문제 해결의 첫걸음입니다.

특히 요즘은 부유한 가정이 많아지면서 이런 문제가 더 잦아진 듯합니다. 학원을 많이 보내고, 경제적으로 풍족하게 해주지만 그것으로 끝입니다. 아이를 잘 키운다는 것이 비싼 밥 먹이고, 좋은 학원 보내고, 명품 신발을 신기는 게 전부가 아닙니다. 이런 부모들은 시간이 없다는 이유로 마음을 돈으로 대신하려 하지만, 함께 보내는 시간과 아이에게 건네는 따뜻한 마음은 결코 돈이나 물질로 대치시킬 수 없습니다.

상담 때 만난 어떤 어머니는 아이와 대화를 자주 한다고 합니다. 얘기를 좀 더 나눠보니 아이와 한다는 대화가 이런 식입니다.

어 : 학원에서 전화 왔어. 너 이 정도로는 안 된대. 여기 학원은 별로인 것 같아. 지금 정말 중요한 시기야. 엄마가 다른 학원 알아봤으니까 내일부터 바꾸자.

아 : 엄마, 나 학원에 친구…

어 : 아, 친구가 중요해? 시끄럽고 엄마 말대로 해. 다른 친구들은 장난 아니라던데? 엄마 친구 아들은 또 1등 했대. 너 이래서 되겠니? 이번에 성적 안 올리면 용돈. 핸드폰 없어!

이게 과연 대화가 맞나요? 이런 대화기 아니라 대화다운 대화를 해줘야 합니다. 시간이 더 지나면 그때는 아이마저 정서적 충족이 무엇인지도 모르고, 그걸 바라지도 않게 됩니다. 그저 '말만 안 걸면 좋겠다'고 생각하는 지경까지 이르게 됩니다. 나는 한 가족 상담에서 아이에게 엄마 아빠가 하는 말 중에 뭐가 제일 싫은지 물은 적이 있었는데 그 대답이 충격적이었습니다.

"이리 와서 앉아봐. 얘기 좀 하자."

대화가 대화가 아니었기에, 이제는 대화의 시작 자체가 두렵고 버거운 것입니다. 아마 아이가 원한 건 "오늘 친구랑은 어땠니?" 같은 다정한 질문이었을 겁니다. 이 책을 읽는 당신도 이런 질문을 해본 때가 언제였는지 한 번 돌아보면 좋겠습니다.

이런 부모에게서 자란 아이들은 상상 이상으로 강한 내적인 압박감을 받는 경우도 많습니다. 부모들 역시 알게 모르게 은근히 이런 압박감을 조장합니다.

"너 지금 이러나 큰일 난다.", "엄마가 너한테 투자한 돈이 얼만데.", "학원을 이렇게 보냈는데 성적이 왜 이래."

이런 말들입니다. 부모 입장에선 아이가 잘 되라고 하는 것이겠지만 이 또한 일종의 가스라이팅입니다. 그렇게 아이는 점점 부모의 기대에 맞추는 '기계'가 되어갑니다. 그나마 큰 문제로 발현되지 않고 청소년기를 무사히 보내면 다행이지만, 참고 참다가 결국 폭발하기도 합니다. 아예 공부를 놓아버리거나, 스스로를 집 안에 가둔 채 세상과 접촉을 끊어버리는 경우도 비일비재합니다.

아이를 살리고 부모를 구하는 말

지난 5월에는 교육청의 의뢰로 지방의 한 고등학교에서 심리극을 진행한 적이 있습니다. 원래는 전교생이 대상이었는데 하루 전, 학교에서 전화가 왔습니다.

"어제 우리 학교 학생 한 명이 투신했습니다. 반 아이들이 너무 충격을 받은 것 같습니다. 이 반 아이들을 대상으로만 심리극을 진행하면 좋겠습니다. 아이들이 조금이라도 마음을 다잡을 수 있게 도와주세요."

알고 보니 그곳은 손꼽히는 인문계 학교였는데, 아이가 성적 압박을 견디지 못해 스스로 생을 마감했던 것입니다. 먼저 떠난 아이도 안타깝지만, 남은 친구들의 트라우마도 엄청날 것입니다. 이 학교에 다니는 아이들 모두가 정도는 달라도 비슷한 마음이 있었을 겁니다. 어제까지만 해도 그 마음을 깊숙이 숨겨두고 아무렇지 않게 하루를 버텼겠지요. 그러던 중 한 친구가 세상을 떠났습니다. 남겨진 아이들은 그제야 자신들의 아픔을 마주하게 되었습니다. 그 슬픔과 충격을 어떻게 추스를 수 있을까요?

다음 날, 나는 이 아이들을 위해 심리극 상담을 진행했고 세상을 떠난 친구가 빈 의자에 앉아 있다고 생각하고 하고 싶었던 말을 해보라고 했습니다. 떠난 친구와 가장 가까웠던 아이가 눈물을 보이며 말했습니다.

"너랑 같이 학원 다녔던 기억이 나고… 네가 성적 압박감 많았다는 얘기를 나한테 했는데 나는 이 정도인지 몰랐어. 미안해… 내가 너무 미안해…"

그 친구는 너무 미안해서 차마 장례식을 가지 못했다면서, 지금 그게 너무 후회된다며 오열했고, 반은 울음바다가 됐습니다. 나는 아이들을 위로하고 싶어 떠난 친구의 마음으로 이렇게 말해주었습니다.

"친구들아… 너희에게 미안해. 나는 너무 힘들어서 이런 선택을 했지만, 너희는 나처럼 혼자 끙끙 앓지 않았으면 좋겠어. 힘들면… 선생님이나 엄마 아빠에게 말해… 도와달라고…"

이게 몇몇 학교에 국한된 일이 아닙니다. 지금 고등학생들은 부모로부터 받는 압박, 공부의 압박이 엄청난 지경입니다. 한 학교에서

일 년에 두세 명씩 투신할 정도인데, 너무 많아서 언론에 나오지도 않습니다. 우리나라 청소년 자살시도율(중·고등학생들 중 최근 12개월 동안 자살을 시도한 적 있는 학생들의 백분율)이 무려 2.8%에 달합니다. 소위 명문이라 불리는 학교에 다니는 학생들은 성적의 압박감 때문에 스스로 죽고, 그 반대편에 있는 특성화고 같은 경우는 따돌림이나 부모의 폭력 때문에 스스로 죽습니다.

우리 사회는 이 터무니없고도 서글픈 대비를 모른 척해서는 안 됩니다. 나는 그렇게 스스로 생을 마감한 아이들의 심정을 생각해 봅니다. 그 아이들이 태어났던 날의 풍경과 부모의 마음을 떠올려 봅니다. 그 누구도 이런 비극을 원하거나 예상한 사람은 없었겠지요.

얼마 전에 비슷한 문제로 상담했던 가족이 있었습니다. 아이의 얘기를 들어보니 반에서 5등을 했는데 너무 속상했다고 합니다. 자신이 쓸모없는 사람이라는 생각이 들었다는 거예요. 곧이어 '부모님이 실망하시겠지', '혼나겠지' 이런 마음 때문에 견딜 수 없는 불안을 느꼈다고 말했습니다. 기본적으로 자존감이 엄청나게 떨어져 있었습니다.

"괜찮아, 네가 이 정도만 해 줘도 고마워. 기특해."

나는 이 부모가 아이에게 이런 말만 자주 해줘도 훨씬 나아질 거라고 생각합니다. 만약 모든 부모가 아이들에게 이렇게 말한다면 성적 압박으로 인한 극단적 선택은 일어나지 않을 거라고 확신합니다.

그런데 부모의 입장을 들어보니 이런 말을 하면 아이가 나태해질까 봐 그렇게 못하겠다고 하더군요. 사실 그렇지 않습니다. 아이를 무너뜨리는 건 게으름이 아니라 두려움입니다. 사랑받지 못할까 봐, 버려질까 봐, 부모의 기대에 미치지 못할까 봐 생기는 두려움이 아이를 잠식합니다. 그 두려움이 쌓이면 아이는 자신을 믿지 못하고, 결국 세상을 향한 의지도 잃습니다.

설령 아이가 게으름을 좀 부리더라도 지금 자존감이 이렇게 떨어진 상태인데 그걸 회복하는 것보다 중요하게 뭐가 있을까요? 반에서 5등 했는데 스스로 쓸모없는 사람이라고 생각하는 것보다 더 큰 문제가 있나요?

아이가 시험을 망쳐도, 실수를 해도, 그 자체로 사랑받는 존재라는 확신을 느끼게 해주는 것, 여기에 자존감의 뿌리가 있습니다. 그러니 부디 거래를 하지 말고 사랑을 하십시오. 사랑은 성적표로 증명하는 것이 아닙니다. 아이를 질책하기보다 "나는 언제나 너의 편이야"라고 말해주십시오.

'행복이란 좋아하는 사람들과 기꺼이 낭비한 시간들'이라는 말이 있습니다. 나는 좋은 부모가 되는 길도 크게 다르지 않다고 생각합니다. 아무 목적 없이 함께 걷고, 별다른 이유 없이 안아주고, 그냥 이야기를 들어주는 시간. 그렇게 아이와 낭비한 시간이 많을수록 아이는 정서적으로 더 단단해집니다. 그러니 이것이 실은 낭비가 아닙니다. 성적이나 공부보다 훨씬 더 귀하고 가치 있는 투자일 수도 있습니다.

2

심리극 사례 4 - 어떤 의사 집안의 비극

아들에게 나타난 이상한 변화

아버지와 삼촌이 모두 의사인 집안에서 태어난 한 남자가 있었습니다. 좋은 집안의 여자를 만나 결혼했고, 딸과 아들을 낳았습니다. 이 아버지의 오랜 꿈은 '3대째 의사 집안'을 완성하는 것이었습니다. 그는 아이들이 어릴 때부터 이렇게 말하곤 했습니다.

"우리는 의사 집안이야. 너희도 반드시 의사가 되어야 해. 다른 길은 생각도 하지 마."

다행히 큰딸은 무난히 의대에 들어갔습니다. 아들만 의대에 합격하면 더 바랄 게 없다고 생각했습니다. 미완으로 남은 인생의 거대한 숙제를 끝낼 수 있을 것 같았죠. 실제로 아들은 부모의 기대에 어긋남이 없었습니다. 유치원 때부터 한 번도 부모 말을 거스르지 않았고, 시험만 쳤다하면 늘 전교 1등이었습니다. 사춘기조차 없었던, 착하고 얌전하고 순한 아들이었습니다. 그리고 결국 부모의 바람대로 의대에 합격했습니다. 부와 명예, 보란 듯이 명문대 의대에 합격한 두 자식까지… 이 가족에게는 장밋빛 미래만 기다리고 있는 것 같았습니다.

하지만 대학 2학년이 되던 해, 아들에게 이상한 변화가 나타났습니다. 어느 날 갑자기 환청과 환각, 망상에 시달리게 된 것입니다. 공부는커녕 학교생활도 이어갈 수 없었고, 다른 사람과 정상적인 관계를 맺는 것도 불가능했습니다. 결국 조현병 진단을 받았습니다. 6개월간 입원 치료를 했음에도 증상은 전혀 나아지지 않았습니다. 그렇게 이 가족이 나를 찾아왔습니다.

"선생님, 저희 아들 꼭 의사가 되어야 해요. 얼른 치료해서 학교를 나시 가야 하는데, 어떻게 해야 할지 모르겠어요."

아들을 의대까지 보냈다가 정신병원에 입원시킨다는 건, 부모에게 지옥 같은 일이었을 겁니다. 입원하던 날, 두 분은 한참을 울었다고 했습니다.

상담에서 만난 아들은 기본적인 병식이 없었습니다. 자신이 아프고 치료받아야 한다는 건 어렴풋이 알고 있었지만, 그 병이 조현병이며 지금 환청과 환각을 겪고 있다는 사실 자체는 전혀 인식하지 못했습니다. 긴 병원 생활과 약물 부작용 때문인지 말투도 어눌하고 행동도 몹시 불안해 보였습니다.

"엄마, 나 학교 가야 돼요? 오늘은 상담이에요?"

그는 마치 아이처럼 말하고 행동했습니다. 성인 퇴행의 전형적인 모습이었습니다. 성인 퇴행이란 성인이 어린 시절의 행동이나 감정 상태로 되돌아가는 방어기제를 뜻합니다. 현실이 너무 고통스러워 견디지 못할 지경에 달하거나, 극심한 스트레스에 시달리면 우리의 마음은 단순한 시절로 도망칠 수 있습니다. 그저 먹고, 자고, 싸기만 하면 충분하던 그 시절로 보내버리는 것이죠. 이 아들이 바로 그랬습니다. 이런 상황인데도 어머니는 말했습니다.

"그럼. 학교도 가야 하고, 공부도 해서 의사 돼야지."

이들은 여전히 아들의 현실을 인정하기보다, 다시 그를 꿈의 궤도로 올려놓으려고만 하는 것 같았습니다.

끝내 놓지 못하는 마음

병에 대한 인식이 없다 보니 이 아들은 그저 부모가 시키는 대로 움직이고 있을 뿐, 자신이 왜 여기 있는지, 뭘 하려는지조차 모르는 듯했습니다. 나는 아들의 이야기를 들으려고 했지만, 그마저도 쉽지 않았습니다.

김 : 뭐가 가장 힘들어요?

들 : 외계인이 내 생각을 빼앗으려고 해요. 나는 머릿속에 아무것도 없어요. 머리가 비었어요. 나는 바보가 됐어요.

아들의 어눌한 말에 어머니는 눈시울을 붉혔습니다. 이 상황에서 의사가 되고 안 되고가 문제는 아니라고 생각했습니다. 나는 조심스럽게 말을 꺼냈습니다.

김 : 이 친구가 의사가 되는 건 어려울 것 같습니다. 학교를 다니는 것도 힘들 겁니다. 제가 보기엔 독립적으로 생활할 수 있는 정도만 되어도 다행이라고 생각합니다. 솔직히 지금 아드님의 상태가 그렇습니다.

어 : 아… 안 되는데… 저희가 3대째 의사 집안으로 만들려고 너무 힘들게 고생을 했거든요. 애도 의사가 되어야 하는데… 이거 치료가 안 되는 건가요?

여전히 미련을 버리지 못하고 '의사 집안'이라는 틀에 갇혀 있었습니다. 나는 계속해서 설명했습니다.

> **김** : 제가 지금까지 만났던 분들을 보면 치료를 잘해서 학교를
> 다니는 경우도 있지만, 그런 친구들보다 상태가 훨씬 심각합
> 니다. 어머님, 지금은 학교를 우선으로 생각하면 안 됩니다.
> 정말 정말 운이 좋으면 언젠가 학교를 다닐 수도 있겠지만,
> 그렇게 되기까지 시간이 굉장히 오래 걸릴 겁니다. 10년,
> 15년이 걸릴 수도 있습니다.
>
> **어** : 아닌데… 할 수 있는 앤데… 이것도 다 아이를 위해서 한
> 거예요. 원래 저희가 애를 외국에 보내려고 했어요. 그런데
> 여의치가 않아서 y대를 보냈는데… 아… 대학원까지 가야
> 하는데…

아들을 치료하기 위해서는 우선 부모가 가진 이 망상적 믿음을 부숴야 한다고 판단했습니다. 나는 심리극을 통해 부모의 마음도 만나고, 빈 의자 기법도 사용하고, 과거로도 들어가 보았지만 그 어떤 것도 이 부모에게 유의미한 변화를 이끌어내지 못했습니다.

아마 이 친구는 그동안 상상도 하지 못할 압박감 속에서 살아왔을 겁니다. 누구보다 우수했지만 늘 아슬아슬한 외줄 위에 있는 심정이었을 겁니다. 그러다 결국 대학에서 자기보다 훨씬 더 뛰어난 사람

들을 수두룩하게 보았을 것이고 그동안 억눌린 마음과 정서가 이런 방식으로 폭발했던 것 같습니다. 물론 이 또한 추정일 뿐입니다. 부모는 아들의 그런 마음에 관해 조금도 생각해 본 적이 없었을 테니 원인을 짐작할 수 없었고, 아들은 이제 자신의 마음에 대해 설명할 수 없습니다. 고통을 표현할 언어를 잃어버린 상태였으니까요.

김 : 어머님, 아버님. 욕심을 버리셔야 합니다. '의사가 되어야 한다'는 생각을 내려놓지 않으면 상태는 더 악화될 수 있습니다.

이런 얘기를 하는 중에도 아들은 소리를 지르면서 혼잣말을 멈추지 않았습니다.

김 : 왜 그래요? 누가 뭐라고 해요?
들 : 네… 외계인이 생각을 또 빼앗아 가려고 해요. (혼자서) 하지 마! 하지 마! 생각 빼앗아 가지 마!

더 이상의 심리극 상담은 무의미했습니다. 나는 마지막으로 부모님께 진심을 담아 말씀드렸습니다.

"공부보다 더 중요한 건 마음입니다. 아들에게 하기 싫다면 안

해도 된다고, 그저 괜찮다고 자주 말해주세요. 공부가 중요한
게 아닙니다. 그걸 먼저 인지하셔야 합니다.”

이 어머니는 알겠다고도 하지 않았습니다.

“그래요? 아 어떡하죠? 아우 참 걱정이네…”

아버지는 내내 말없이 한숨만 내쉬었습니다. 그냥 묻는 말에만
짧게 단답으로 대답할 뿐 이 상담에 참여할 생각이 없어 보였습니다.
그들의 방문은 아들을 살리기 위해서가 아니라, 마치 무너진 계획을
다시 세우기 위한 것만 같았습니다. 사실 이런 말을 한 게 나만은 아
니었을 겁니다. 분명히 병원에서도 비슷한 말을 했겠지요. 하지만 그
들에게는 조금도 들리지 않았고, 닿지 않았을 것입니다.

사랑이란 이름의 집착에 관하여

그날의 일은 오래도록 내 마음에 남았습니다. 이 아들에게 병식
이 없었던 것보다 더 큰 문제는, 부모에게도 병식이 없다는 사실이었
습니다. 그들은 자신의 방식이 잘못되었다는 걸 인정하지 못했습니
다. 자식만큼 깊은 마음의 병을 오랫동안 앓아왔음에도 그 사실을 보
려 하지 않았습니다. 그것이 결국 아들을 무너뜨렸는데도, 여전히 원

인을 아들에게서만 찾고 있었습니다.

나는 원래 인간을 긍정하는 사람이었습니다. 누구든 바뀔 수 있고, 회복될 수 있다고 생각합니다. 이 마음이야말로 내가 심리극 상담을 시작한 이유이기도 합니다. 변화에 대한 믿음이 없다면 상담도 심리극도 아무런 소용이 없겠죠. 하지만 이 가족을 만나고 나서 세상에는 끝내 변하지 않는 사람도 있음을 알았습니다. 지나친 자기 확신에 갇힌 인간의 마음은 때로 망상보다 더 단단한 벽이 되기도 합니다.

그리고 그 벽 안에서 아이는 점점 사라져 갔습니다. '살아 있는 사람'이 아니라, 부모의 성공을 장식하는 트로피 같은 존재로 남습니다. 자식의 무너짐 앞에서조차 "의사가 되어야 한다"고 말하는 부모는, 결국 아들이 아니라 자신의 욕망을 사랑한 것이라고 나는 생각합니다.

진짜 사랑은 아이가 내 뜻대로 되는 걸 바라지 않습니다. 실패하더라도 있는 마음 그대로를 받아들이는 수용이야말로 가장 깊은 사랑입니다. 부모가 그 사실을 깨달아야만 아이의 병도 상처도, 비로소 회복의 분턱에 설 수 있습니다. 비단 이 부모에게만 해당하는 말은 아닐 겁니다.

심리극 사례 5 – 점수로 사랑을 증명받는 아이

강연 현장에서 만난 한 가족

공공기관이나 교육청, 기업체, 상담지원센터 등에서 의뢰를 받아 직원, 부모들을 대상으로 대중 강연을 할 때가 종종 있습니다. 몇 달 전에는 한 복지관을 통해 초등학생 자녀와 부모가 함께하는 성장 캠프 프로그램에 강사로 참여하게 되었습니다.

보통 관객이 아주 많은 자리가 아니라면 강연은 30분 정도로 짧게 끝내는 대신 현장에서 사람들의 고민이나 질문을 듣고 즉석 심리극 상담을 진행하곤 합니다. 여러 사람이 있는 자리에서 자신의 이야기를 털어놓는 일은 쉽지 않지만, 그만큼 깊은 문제의식을 가지고 있다는 방증이기도 합니다.

무슨 얘기가 나올지, 어떤 상황이 펼쳐질지는 알 수 없습니다. 그러므로 이때는 너무 깊이 파고들기보다 가볍게 스케치하듯 다루곤 합니다. 프로그램에 참여하는 분들도 모두 부모이기에 완전히 동떨어진 남의 사연이라기보다는 자신의 이야기처럼 공감하곤 합니다. 이를 통해 배우거나 느끼는 점도 적지 않고요. 다른 사람의 심리극을 '보는 재미'노 있어 현장 반응은 대체로 좋은 편입니다.

그날도 짧은 강연을 마친 후 심리극 상담 신청자를 받았는데, 한 남자가 기다렸다는 듯 손을 번쩍 들었습니다. 사연은 이러했습니다. 아내와 남편의 양육 태도가 서로 달랐습니다. 초등학교 4학년인 딸을 키우고 있었는데 남편은 '아주 기본적인 것만 가르치고 나머지는 스스로 하게 두자'는 입장이었고, 아내는 아이가 지켜야 할 규칙을 많이 만들고 개입하는 편이었습니다. 아이의 공부나 성적에도 엄격하고 예민하게 반응했고요. 예컨대 "학원에서 영어 시험을 90점 이상 받으면 스마트폰을 바꿔주지만, 그 이하면 절대 안 된다"라는 식입니다. 이 문제에 관해 서로 대화를 나눠보아도 아내는 남편이 아이에게 관심이 없다고 생각하고, 남편은 아내가 과하다고 여기면서 서로 평행선을 달렸고 결국 부부 갈등으로까지 번진다는 것이었습니다. 다행히 그 자리에 남편뿐 아니라 아내와 아이도 함께 와 있었습니다. 나는 우선 남편과 아내를 앞으로 불렀습니다.

김 : 말씀 잘 들었습니다. 무엇 때문에 갈등이 생기는지는 알겠

습니다. 그럼 지금부터 심리극을 해보죠. 우선 제가 아이 역할을 맡겠습니다. 두 분은 평소처럼 아이에게 하던 그대로 보여주세요.

(아이를 바라보며) 선생님이 너 역할을 할 테니, 엄마가 어떻게 하는지 지켜보자. 나중에 다른 게 있으면 이야기 해줘."

(심리극 시작)

김 : 엄마, 나 학원 갔다 왔어.

어 : 응, 왔니? 오늘 학원에서 뭐 배웠어? 숙제는? 예습도 해야지. 다음 주 시험 있지? 이번에는 꼭 90점 넘겨야 해.

짧은 장면이었지만, 압박의 결이 분명히 느껴졌습니다. 이번에는 역할을 바꾸었습니다.

김 : 그럼 이번에는 어머니가 아이 역할을 해보세요. 제가 어머니 역할을 하겠습니다.

나는 최대한 어머니의 어투를 흉내 내며, 방금 아이에게 했던 말을 거울처럼 그대로 돌려주었습니다.

김 : 어머니, 어떤 마음이 드세요?

어 : 압박감이 느껴졌어요. 아이도 부담이 있었겠구나 싶어요.
그런데… 저도 어릴 때 이렇게 컸거든요.

김 : 그렇군요. 자라면서 부모님께 불만 같은 건 없었나요?

어 : 딱히요. 그렇게 자란 덕분에 좋은 대학도 갔고 대기업에 들
어가 나쁘지 않게 지낸다고 생각해요. 부담이 될 수 있겠다
는 생각은 오늘 처음 역할을 바꿔보니 들었어요.

김 : 그럼 아이 마음은 어떨까요? 아이 마음을 한 번 들어볼까요?

나는 아이를 무대 앞으로 불렀습니다.

김 : (마음) 안녕? 나는 너의 마음이야. 너는 왜 엄마에게 싫다고
말 못 하고, 시키는 대로 다 해?

딸 : 엄마가 좋아해. 그러니까 나는 싫다고 못하겠어.

김 : (마음) 아 그렇구나. 엄마 때문에 그런 거야?

딸 : 아빠는 어떨 땐 내가 그냥 마음대로 해도 된다고 하는데 그
렇게 하면 엄마가 싫어해. 그리고 그것 때문에 엄마랑 아빠
랑 싸우니까 나도 불편해서 그냥 엄마 말 따라줘.

김 : (마음) 그럼 진짜 네 마음은 뭐야? 너는 엄마가 너한테 어떻
게 하면 좋을 것 같아?

딸 : 학교 갔다 오면 친구처럼 얘기해 주면 좋겠어. 또 내가 힘
들다고 하거나 뭘 부탁하면 들어주는 엄마였으면 좋겠어.

아이가 원하는 건 늘 특별한 것이 아닙니다. 조금의 공감과 내 편이라는 느낌, 그뿐이었습니다. 이야기를 나누다 보니, 아이는 현재 학원을 6~7개나 다니고 있었습니다. 너무 힘들어서 한두 개 줄이고 싶다고 했지만, 어머니는 지금 포기하면 뒤처진다며 단호하게 거절했습니다. 이때 크게 실망한 아이는 그 이후로는 부탁 자체를 안 하게 되었다고 합니다. 이 얘기를 하는데 어머니의 표정이 조금씩 바뀌고 있는 것이 느껴졌습니다.

김 : (마음) 그랬구나. 너가 학원 다니기 너무 힘들다고 했을 때 '학원 다니는 게 부담됐구나. 한두 개 안 다녀도 괜찮아.' 이렇게 얘기해주는 엄마였으면 훨씬 좋았겠구나?

딸 : 응. 맞아. 그런데 엄마는 안 된다고 학원 다녀야 한다고 그래서 나는 더 이상 엄마한테 얘기하지 않아.

김 : (마음) 엄마한테 바라는 게 또 있어?

딸 : 음… 저번에 시험 쳤을 때 내가 실수로 한두 개 틀렸거든. 그거 가지고 너 왜 실수했냐고 계속 뭐라고 해서 너무 힘들었어.

김 : (마음) 그럼 어떻게 얘기해주면 좋겠어?

딸 : '이번엔 실수해서 틀렸네. 다음에는 더 잘해보자.' 이렇게 얘기하면 좋은데 엄마는 항상 내가 정신을 똑바로 못 차려서 그런 거라고 혼내. 이렇게 혼내는 거 안 했으면 좋겠어.

아이와의 대화를 끝내고 어머니를 다시 불렀습니다.

김 : 아이에게 이런 마음이 있는데 알고 계셨어요?

어 : 솔직히 알고 싶지 않았어요. 아이가 뒤처지는 것 같고⋯ 충
    분히 할 수 있는 아이라 생각해서 욕심이 난 것 같아요. 저
    도 그렇게 컸고, 아이도 그렇게 크는 게 당연하다고만 생각
    했어요. 아이의 마음을 직접 들으니까⋯ 마음이 좀 그렇네요.

김 : 그럼 이제 조금 변화된 모습으로 아이를 대할 수 있겠어요?

어 : 네. 아이가 원하는 모습으로 대하고, 저도 좀 바뀌어야겠다
    는 생각이 들었어요.

김 : 정말 그럴 수 있을지 어머니 마음을 한 번 만나볼게요.
    (마음) 야⋯ 너 지금 무슨 소리하는 거야! 너도 그렇게 자라
    서 잘됐잖아. 다 아이 잘되라고 하는 거야. 네 방식이 절대
    틀린 게 아니야. 고3 지나서 대학 갈 때까지 계속 밀고 가
    야 해. 더 다그치고 더 엄격하게 관리해야 해! 그래야 아이
    도 너처럼 성공하지. 아이 말, 남편 말은 듣지 마. 남편은
    애 망친다.

어 : 싫어. 나 이제 너랑 이별할 거야. 아이가 싫다잖아.

김 : (마음) 진짜? 내가 너 정말 이 마음이랑 이별할 수 있는지 내
    가 지켜볼 거야. 나는 여기에 계속 있을 거니까 내가 생각
    하면 언제든 나를 불러줘.

엄 : 아니. 절대 안 부를 거야.

마음을 만난 다음에는 아이를 불러 엄마와 둘이 서로 손을 마주 잡게 한 뒤 아이에게 하고 싶은 얘기를 할 수 있는 시간을 줬습니다. 엄마는 울면서 그동안 하지 못했던 이야기를 아이에게 해주었습니다.

"엄마가 미안해. 네가 힘들다고 했을 때 들어주지 못해서 미안 해. 엄마 욕심대로만 해서 미안해…"

아이는 울었고, 그 모습을 본 다른 부모들도 조용히 눈물을 닦았 습니다. 그날 그 자리는 한 가족만의 변화가 아니라, 그 자리에 있던 모든 부모의 마음에 난 조용한 금을 따라 빛이 스며드는 순간이었습 니다. 그날 모든 강연을 끝내고 돌아가려는데, 그 어머니가 저를 찾아 와 말했습니다.

"선생님, 정말 감사합니다. 처음에 남편이 손들고 나갔을 때 저 사람이 왜 저러지? 싶었는데요, 끝나고 보니 몰랐던 아이의 마 음을 알게 됐고, 제 마음을 꺼내볼 수 있어서 너무 값졌어요. 정 말, 정말 감사합니다."

물론 이 한 번의 시간으로 완전한 개선을 기대하기는 어려울 수도 있습니다. 그럼에도 나는 이 가족이 분명 나아질 것이라고 생각합니다. 서로의 마음을 만난 사람들은 이전으로 쉽사리 돌아가지 않습니다. 특히 어머니는 '그 마음과 이별하겠다'는 자기만의 언어를 얻었습니다. 이는 변화를 약속하는 심리적 계약과 같습니다.

학원을 한두 개 줄이고, 실수한 아이에게 "다음엔 더 잘해보자."고 말하는 정도로도 충분합니다. 그 작은 변화들이 바로 관계를 회복시키는 첫걸음입니다.

그런데 앞에서 소개했던, 환청과 환각·망상에 시달리며 조현병 진단을 받았던 그 가족과 이번 가족은 무엇이 그렇게 달랐을까요?

두 가족은 모두 '사랑'을 이야기했습니다. 하지만 한 가족은 그 사랑을 통제의 언어로 사용했고, 다른 가족은 그 사랑을 이해의 언어로 바꾸기 시작했습니다. 의사 집안 부모는 아들을 자신의 미완의 꿈을 완성시킬 존재로 봤습니다. 반면 이번 캠프에 참여한 어머니는 처음엔 비슷하게 통제적이었지만, '아이의 진짜 마음'을 들은 순간, 그 전제가 무너졌습니다. 나는 그 차이가 결정적이라고 생각합니다.

또 하나는 시점의 문제입니다. 의사 집안의 아들은 아이와 부모 모두 이미 임계점을 넘어 있었습니다. 아이는 아이 대로 자신의 상태를 설명할 수 있는 언어를 잃었고, 부모는 부모 대로 마음의 방어가 굳어 누구의 말도 닿지 않았습니다. 하지만 이번 가족은 아직 관계의 가역성이 남아 있었습니다. 아이는 아직 부모의 말이 마음에 들어갈 수 있는 나이였고, 어머니는 그 시간의 문턱에서 자신의 마음을 바꾸는 선택을 했습니다. 그 한 걸음이 바로 회복의 가능성을 열었습니다.

앞에서도 여러 번 강조했지만, 아이가 문제 행동이 나타나기 전에 부모가 자신의 양육 태도를 자각하고 인지하는 것이 가장 중요합니다. 하지만 그걸 확인하기 위해 상담을 신청하고, 검사를 받는다는 게 쉽지만은 않지요. 대신 요즘엔 지자체나 학교, 어린이집, 유치원 등에서 부모를 위한 특별 강연이나 프로그램을 다양하게 운영하고 있으니 기회가 되면 꼭 참여해 보면 좋겠습니다. 나는 개인적으로 모든 부모가 일 년에 한두 번은 어떤 형태로든 의무적으로 부모 교육을 받아야 한다고 생각합니다. 그렇게만 되어도 부모와 아이 사이의 오해, 감정의 단절, 불필요한 통제와 죄책감 같은 원인으로 발생하는 다양한 문제들이 훨씬 줄어들 것이라 확신합니다.

물론 내가 제도적인 부분을 어떻게 할 수는 없습니다. 다만 이 책을 읽는 여러분이라도 주위에 그런 프로그램이 있다면 적극적으로 참여하길 바랍니다. 그런 우연한 계기를 통해서라도 자신의 양육 태도를 점검해 보면 나쁠 게 전혀 없습니다. 만약 문제 없이 잘하고 있다는 걸 알게 되면 자신감 있게 계속 키우면 될 일이고, 뭔가 놓치는 부분이 있었다면 배움을 통해 다음 단계로 나아가면 됩니다. 하지만 현재 상태는 보지 않고 자기 관점만 고집하면 절대 개선되지 않습니다.

　이런 심리극이나 소통 캠프에 참여하는 분들은 결코 심각한 문제가 있어서 오는 게 아닙니다. 그저 '지금보다 더 나은 부모가 되고 싶다'는 작은 마음일 뿐입니다. 바로 그 마음이 변화를 가능하게 합니다. 나는 당신이 너무 늦지 않았으면 좋겠습니다. 어쩌면 지금이 아이의 마음에 닿을 수 있는 가장 좋은 때일지도 모릅니다.

마음 만나기

나의 어린 시절 돌아보기

· 부모의 사랑이 '조건적'이라고 느껴졌던 순간이 있었나요?

· 그때의 내가 가장 아프거나 힘들었던 부모의 말·표정·기대는 무엇
이었나요?

· 그 시절의 나에게 지금이라도 해주고 싶은 말은 무엇인가요?

지금의 양육 태도 점검하기

· 최근 한 달 동안, 아이의 성적·습관·성과를 기준으로 보상/칭찬/회수를 한 적이 있었나요?

· 그때 내 마음에는 어떤 감정이 있었나요?

· 내가 아이에게 '너의 존재'보다 '네가 해낸 일'을 먼저 바라본 적은
없나요? 있다면 그때 상황과 나의 감정을 구체적으로 적어보세요.

____

____

____

____

· 아이가 내 기대에 미치지 못했을 때 떠오른 첫 감정은 무엇이었나요?

____

____

____

· 그 감정은 정말 '아이 때문'인가요, 아니면 '나 자신을 향한 두려움·
불안'이었나요?

____

____

____

____

____

아이에게 물어보고, 아이가 말한 내용을 그대로 적어보세요.

"엄마/아빠가 어떤 때 너에게 실망했다고 느끼는 것 같아?"

"엄마/아빠가 너가 뭘 잘해야만 사랑을 준다고 느낀 적이 있어?"

실천하기

· 앞으로 아이에게 해줄 수 있는 '성과와 무관한 칭찬'을 최대한 많이 적어보세요. 그리고 한 달 동안 꾸준히 실천하세요. 예) "오늘도 너라서 고마워."

한 달 후 나의 변화 점검하기

· '조건 없는 칭찬'을 하면서 어떤 변화가 있었나요? 내 마음의 변화
와 아이의 변화를 적어보세요.

· 앞으로의 다짐을 적어보세요.

예시) 나는 너의 결과가 아니라, 너의 하루를 함께 보겠다.

CASE. 4

—

과잉보호의 그림자

1

불안을 먹고 자라는 괴물

과잉보호는 기본적으로 부모의 걱정과 불안을 먹고 자랍니다. 그 불안이 어디서 왔는지는 부모의 성장 과정을 구체적으로 들여다 봐야겠지만, 내가 지금까지 접한 상담 사례를 보면 대부분 불안한 부모 밑에서 자란 사람들이 많았습니다. 부모의 불안이 자식의 불안으로 연결되고 그것이 다시 과잉보호로 이어지는 식이죠.

사람마다 불안이 올라오면 해결하기 위한 자기만의 방식이 작동합니다. 불안한 생각을 없애기 위해 불안을 줄이는 강박 행동을 하는 것인데요, 손을 자꾸 씻는다든지, 과도할 정도로 소지품을 확인한다든지, 가스 불을 껐는데도 '혹시 안 껐나?'라는 생각이 들어 몇 번이고 나갔다 들어오는 경우들이 여기에 해당합니다.

과잉보호하는 부모들의 마음도 비슷합니다. 아이는 말하지도 않았고 필요하지도 않은데 무언가를 해줘야만 합니다. 그래야 부모의 걱정과 불안이 해결되기 때문입니다. 여기서 핵심은 그렇게 할 경우 걱정과 불안이 일시적으로나마 해결된다는 데 있습니다. 이런 이유 때문에 과잉보호하는 부모들이 자신의 문제를 스스로 인지하고 찾아오는 경우는 매우 드문 편입니다.

정신과의 고전적 분류

왜 그런지 조금 더 구체적으로 설명해 보죠. 고전적인 방식에서 정신과는 크게 셋으로 나뉩니다. 첫 번째는 정신병Psychosis으로, 현실 검증reality testing이 무너진 상태를 말합니다. 조현병이 대표적인데 망상·환각·와해된 사고 등이 나타납니다. 두 번째는 신경증Neurosis입니다. 현실 검증력은 유지되지만 불안·강박·공포 같은 정서적 고통이 큰 상태입니다. 불안장애, 공황장애, 강박장애, 우울증 일부, PTSD 등이 여기에 속합니다. 세 번째는 인격장애Personality Disorder입니다. 고착된 성격 패턴이 사회적·직업적 기능에 지속적인 문제를 일으키는 경우이며, 경계성 성격장애·반사회성 성격장애·자기애성 성격장애 등을 말합니다. 소위 사이코패스나 소시오패스 등이 여기에 포함되죠.

그런데 보통 조현병 환자는 병식이 없는 경우가 많아 본인은 모르지만, 증상이 뚜렷하기 때문에 가족들이 데리고 오는 경우가 많습니다. 인격장애는 스스로 병원을 찾는 경우가 거의 없다고 해도 무방

합니다. 대개 자신이 정상 범주에 있다고 생각하고, 유심히 관찰하지 않으면 가족들도 잘 모르기 때문입니다. 반면 스스로 치료를 받으려는 비율이 높은 집단은 신경증입니다. 앞서 말했듯 불안이 올라와서 하루에도 수십 번 손을 씻거나, 가스 불을 껐는지 몇 번씩 집을 들락거리다 보면 결국 본인이 힘듭니다. 그 고통 때문에 상담이나 약물치료를 적극적으로 받곤 하죠.

특이하게도 과잉보호하는 부모들은 신경증적 특성이 있음에도 스스로 잘 인지하지 못합니다. 그 불안이 아이에게 과잉으로 무언가를 해주는 순간 잠시 사라지기 때문입니다. 불안을 줄이기 위해 손을 수십 번 씻는 사람은 그 행동이 힘들고 불편하다는 걸 인식하지만, 아이에게 지나칠 정도로 챙기는 사람은 이것이 불안 때문이라는 것도 모르고, 힘들다고 느끼지도 않습니다. 그저 아이를 사랑하기 때문에 부모로서 응당 해야 할 일을 하고 있다고 여깁니다.

그렇게 문제를 인식하지 못한 채 시간이 지나면, 정작 힘들어지는 쪽이 아이입니다. 그럼에도 부모는 아이를 챙겨주면서 스스로 편안해하고, 아이 역시 행복하고 편할 것이라고 확신합니다.

과잉보호가 낳을 수 있는 문제

과잉보호가 지속되면 어떤 문제들이 발생할까요? 우선 아이 역시 과도한 불안으로 이어질 수 있습니다. 부모의 불안이 아이에 대한 과잉보호로 나타나고, 그 아이가 성인이 되면 비슷한 불안을 반복하는 악순환이 만들어지는 것이죠.

또 하나의 중요한 문제는 언어 발달의 지연입니다. 아주 어린 시기(12개월 무렵)에 언어 발달을 촉진하는 가장 좋은 방법 중 하나는, 아이가 원하는 바를 말로 표현할 때 도와주는 것입니다. 예를 들어 아이가 목이 마를 때 부모는 잠시 기다립니다. 아이가 신호를 보내도 바로 주지 않고 "물 줘 해봐."라고 표현을 유도하는 것이죠. 처음에는 울거나 짜증을 낼 수 있습니다. 그럴 때는 물을 줘야겠지만, 이걸 매일매일 반복하다 보면 아이는 금세 깨닫습니다. '아, 목이 마를 땐 물을 달라고 말하면 되는구나.' 그렇게 "물 줘", "배고파", "졸려" 같은 기본적인 욕구를 점차 말로 표현하게 됩니다.

그런데 부모가 아이가 목마를 것 같다는 이유로 미리 물을 가져다주고, 배가 고플까 봐 먼저 먹을 걸 입에 넣어준다면 어떨까요? 아이는 점점 말의 필요성을 느끼지 못합니다. 표현할 기회가 줄어들면서 언어 발달은 자연스럽게 늦어지고, 감정을 다루거나 요청을 조절하는 경험도 줄어듭니다.

언어는 단순히 말을 잘하고 못하고의 문제가 아니라, 생각을 정리하고 감정을 조절하며 타인과 상호작용하는 핵심 도구입니다. 그래서 발달심리학에서는 언어·인지·사회성·정서 조절 능력을 하나의 '통합 발달 체계'로 봅니다. 어느 한 부분이 늦어지면 다른 영역도 연쇄적으로 영향을 받게 됩니다.

또한 언어는 사회성의 가장 직접적인 '입구'입니다. 예컨대 언어가 늦어서 누가 말을 걸어도 대답은 하지 않고 고개를 끄덕이거나 도리질만 하는 아이가 또래와 잘 어울리기란 쉽지 않습니다.

다른 아이들 입장에서는 친해지고 싶어도 표현이 없으니 어느 순간 거리를 둡니다. 언어가 서툰 아이 역시 마음이 있어도 어떻게 말해야 할지 몰라 주저하게 되는 것이죠. 언어와 사회성은 따로 움직이는 것이 아니라 서로를 끌어당기고 밀어주며 쌍으로 작동합니다.

이런 흐름이 계속되면 아이는 유치원이나 학교에서는 적응을 못하지만 집에서는 편안해 보이는 이중 패턴이 고착됩니다. 집에서는 부모가 대부분을 대신 해주기 때문에 문제도 겉으로 드러나지 않습니다. 부모도 이 상태에 익숙해지고 아이 역시 스스로 하지 않아도 되니 불편을 경험할 일이 적습니다.

아이도 가끔은 "이건 내가 해볼게."라고 말하고 싶은 순간이 있지만, 습관처럼 입을 다물게 됩니다. 여러 발달이 지연되고, 독립적으로 생활하지 못하며, 스스로 결정을 내리는 경험도 줄어듭니다. 자기 확신이 떨어져 모든 것을 부모에게 의지하게 되지요. 사소한 것 하나조차 "엄마 이거 해도 돼?", "이렇게 해도 돼?"라고 묻고, 부모는 그것을 또 하나하나 일일이 가르쳐줍니다.

집이라는 공간은 부모의 방식과 규칙 안에서만 움직입니다. 하지만 아이가 머무는 세상이 점점 넓어지면서 스스로 말해야 하고, 스스로 선택해야 하고, 스스로 관계를 만들어야 하는 순간들이 수없이 찾아옵니다. 바로 이 간극에서 아이는 크게 흔들립니다.

아이를 살리는 부모의 원칙

언제까지 우리는 가정이라는 안온한 공간에서 아이를 품어줄 수는 없습니다. 물론 온 마음을 다해 아이를 사랑하는 건 좋습니다. 이 또한 아이에게 반드시 필요한 일이지요. 하지만 그 사랑이 '무엇이든 대신 해주는 것'을 의미하지는 않습니다. 아이가 세상 밖에서 스스로 설 수 있도록 준비시키는 과정, 실패를 경험하게 하고 다시 일어설 시간, 어려운 감정을 스스로 다뤄볼 기회야말로 부모가 줄 수 있는 더 깊고 튼튼한 사랑입니다.

그런데 안타깝게도 가면 갈수록 아이를 과잉보호하는 부모가 계속 늘고 있는 추세입니다. 요즘엔 군대 훈련소에도 부모 전화가 그렇게 많이 온다고 하죠.

"오늘 닐씨가 35도나 되니까 밖에서 하는 훈련은 빼야 하지 않을까요?", "우리 애가 추위를 많이 타는데 혹시 별일 없는지 궁금해서 전화했습니다."

이건 약과입니다. 자식이 취직해서 회사에 첫 출근을 했는데, 직장으로 전화해 상사에게 "우리 애 잘 봐달라"고 부탁하는 부모도 있습니다. 물론 이런 현상은 저출산이라는 사회적 변화와도 맞닿아 있습니다. 요즘엔 둘을 낳는 경우도 드물고 대부분 하나만 낳다 보니 부모의 모든 관심과 에너지가 더더욱 집중됩니다. 예전에는 '하나부터 열까지'를 챙겨주는 게 과잉보호라고 했지만, 지금은 하나부터 백까지는 챙겨줘야 과잉보호라는 소리를 듣는 세상이 됐습니다.

그렇다고 예전처럼 아이를 막 키워야 한다는 것은 아닙니다. 사회적 흐름이 달라졌다는 것은 인정해야겠지요. 다만 어느 선까지는 부모가 도와주되, 그 외의 영역에서는 아이가 스스로 해야 한다는 원칙을 부모가 먼저 세우고, 아이에게도 분명히 알려줘야 할 필요가 있습니다.

아이들의 발달 과정을 보면 3살 무렵부터, 뭐든지 스스로 혼자 하려는 자조 행동이 발달합니다. 이걸 고집부린다고 생각해선 안 됩니다. 당연히 부모 눈에는 서툴러 보이겠죠. 손을 씻겠다고 달려들지만 대충 하는 것 같고, 옷을 입겠다고 하고는 시간만 끄는 것 같죠. 그래도 아이가 스스로 해보려는 마음 자체를 먼저 칭찬해 주고, 이후에 모델링을 보여주거나 언어로만 도와주는 방식으로 자율성을 키워줘야 합니다.

조금 더 큰 아이에게도 마찬가지입니다. 예를 들어 초등학교 1학년까지는 책가방을 함께 챙겨주되, 학년 말이 다가오면 "2학년부터는 네가 가방을 스스로 챙기는 거야."라고 예고를 해두고, 2학년이 되면 실제로 혼자 챙기게 하는 식의 '아웃라인 잡기'가 필요하다는 것이죠.

이런 기준이 없으면 부모는 아이의 모든 영역에서 챙기고, 나이를 먹어도 챙기게 됩니다.

'대학 갈 때까지는 내가 챙겨줘야지.' 하는 마음이 '졸업할 때까지', '취직할 때까지', '결혼할 때까지'로 한없이 늘어납니다. 정말 그것이 아이를 위한 길일까요?

니는 부모들을 대상으로 하는 강연에서 종종 "다른 사람의 조언, 특히 아이를 먼저 키워본 사람의 말을 귀담아 들어야 한다."고 말하곤 합니다. 앞서도 얘기했지만 과잉보호하는 부모는 스스로 과잉보호하고 있다는 사실을 잘 모릅니다. 그러나 주변 사람들에게는 그 모습이 선명하게 보입니다. 그중에는 '제 자식 제가 키우지 참견해서 뭐 해'라고 생각하는 사람도 많습니다. 하지만 정말 걱정되고 문제라고 느껴서 조심스레 이야기해 주는 이들도 분명 있을 겁니다. 그럴 때 화내거나 기분 나빠하지만 말고, 돌아봐야 합니다.

'내가 아이를 너무 과잉보호하나?', '내 안에 불안이나 걱정이 많은 건 아닐까!'

그리고 무엇보다 아이에게 직접 물어봐야 합니다.

"엄마가 너무 지나치게 챙겨주는 것 같니?", "너 스스로 해보고 싶은데 엄마가 해주는 게 있어?"

　과잉보호하는 부모들의 특징 중 하나는, 아이에게 하나부터 백까지 다 해주면서 정작 아이 마음이 어떤지는 묻지 않는다는 점입니다. 그걸 묻는 것이 시작입니다. 부모가 아이와 대화하고, 스스로 돌아보아야 더 선제적으로 접근할 수 있고, 문제의 해결도 빠르고 쉬워집니다.

　마지막으로 강조하고 싶은 사실은 아이는 결코 부모의 분신이 아니라는 점입니다. 부모가 낳았지만 하나의 독립된 인격체입니다. 아이에게만 올인하는 삶은 결국 부모도, 아이도 힘들게 합니다. 아이를 빼고 나면 자신의 삶은 아무 의미가 없다고 말하는 분들을 자주 만납니다. 나 또한 두 아이의 아버지이기에 그 마음을 모르지 않지만 그런 말을 들을 때면 좀 슬프다는 생각을 합니다. 아이는 소중하지만, 부모에게도 자신의 삶이 있습니다. 아이와 무관하게 자신의 인생을 살았으면 합니다. 자신의 재미와 취향과 즐거움을 찾아보면 좋겠습니다. 아무쪼록 최선을 다해 행복한 부모가 되길 바랍니다. 부모가 그럴수록 아이는 분명 더 건강하게 성장합니다.

2

심리극 사례 6 – 생존에 집착한 아버지

불안이 일상을 잠식하다

방송에서 가족 심리극 상담을 요청받고 심리극 상담을 진행했던 한 아버지가 있었습니다. 이분은 이혼 후 초등학교 6학년 아들과 3학년 딸을 혼자 돌보고 있었는데, 어느 날 잠을 자다가 새벽에 문득 이런 생각이 떠올랐다고 합니다.

'혹시 내게 무슨 일이 생기면 아이들은 어떻게 살까? 만약 내가 집에 없을 때 불이라도 나면 스스로 안전하게 빠져나올 수 있을까? 문을 열지 못해 큰일이 나진 않을까?'

갑자기 이런 불안감이 온몸과 마음을 휘감게 된 것이죠. 그때부터 이 아버지는 아이들에게 일종의 '생존 훈련'을 시키기 시작했습니다. 당시 막내가 네 살 무렵이었는데, 그 어린아이에게 방문과 현관문을 여는 법과 탈출 요령을 반복해서 가르쳤습니다. 이 훈련에 얼마나 진심이었는지, 실전처럼 해야 한다며 연막탄까지 피웠습니다. 당연히 아이들은 영문도 모른 채 아버지가 시키는 대로 열심히 따랐죠.

그렇다면 이제 이 아버지의 불안은 사라졌을까요? 물론 그렇지 않았습니다. 이 문제의 본질은 언젠가 닥칠지도 모를 위험이 아니라 아버지의 마음 그 자체이기 때문입니다. 이윽고 불안이 다른 영역으로 번지게 되었습니다.

'아이들이 초등학교에 입학해서 혹시 학교폭력을 당하면 어떡하지?'

이때부터 두 아이를 태권도, 유도, 검도 등 여러 무술 학원에 다니게 했습니다. 유치원 때부터 사주는 장난감이라곤 칼, 총, 목검 같은 것들뿐이었습니다. 딸아이 방에 인형 하나가 없습니다.

주말이 되면 이 가족은 늘 산에 올라가 이런저런 훈련을 해야 합니다. 아이들 표정에는 하기 싫어하는 기색이 선명했지만, '그만하고 싶다'는 말조차 꺼낼 수 없습니다. 아버지는 그저 아이들이 잘 따라준다고 믿고 있었죠. 심지어 특수부대 출신이었기에 훈련 강도도 높았습니다. 초등학생 두 아이를 데리고 유격 훈련을 하고, 산악 뜀박질을 하고, 밧줄 타기와 팔굽혀펴기로 이어지는 그들만의 루틴을 수행한 다음에야 비로소 산에서 내려올 수 있습니다.

그러다 보니 아이들은 또래 친구들처럼 아빠와 여행을 가고 맛있는 음식을 먹으며 수다를 떠는 경험이 거의 없었습니다. 이 아버지가 아이들과 나누는 대화라고는 "오늘 산에 다녀오니까 체력이 좀 길러진 것 같아?" 같은 내용이 전부였습니다.

이 아버지의 문제는 결국 '적절한 선'을 지키지 못했다는 데 있습니다. 아이를 위험으로부터 보호하고 싶어 태권도나 유도 학원에 보내는 것은 충분히 이해할 수 있고, 도움이 되기도 합니다. 그러나 불안이 조절되지 않으면 그 정도가 점점 심해지고, 일상 전반으로 확장됩니다.

아마 이 책을 읽는 분들도 이런 사례를 보면서 '이건 너무 심하다, 상식 밖이다'라고 느낄 수도 있습니다. 대부분 이 정도로 극단적인 행동을 하지는 않지요. 그렇다고 '나는 저 정도로 심하지 않으니까 괜찮아'라고 생각해선 안 됩니다. 중요한 건, 그 정도가 심해지기 전에 우리 마음속에도 이런 불안의 조각이 없는지 돌아보는 것입니다. 아직 부모의 문제가 아이의 삶을 짓누르기 전에 깨달아야 합니다.

아이들의 문제

안타깝게도 이 아버지는 그 타이밍을 이미 오래전에 놓치고 말았습니다. 이미 아이들은 여러 측면에서 문제가 분명히 드러나고 있었기 때문입니다. 가장 먼저 눈에 띈 건 말수가 비정상적으로 적다는 점이었습니다. 태권도장이나 다른 학원에 가도 친구 무리에 스며들지 못했습니다. 또래 아이들이 캐릭터 카드 이야기로 웃고 떠들고, 게임 얘기로 깔깔거릴 때도 이 아이들은 한구석에 우두커니 앉아 있을 뿐입니다. 관심사가 다르다는 수준이 아니라 어떻게 말문을 열어야 하는지 자체를 모르는 모습이었죠.

실제로 사회성은 단순히 '친구가 많다·적다'의 문제가 아닙니다. 어릴 때 부모와의 놀이, 대화, 감정 주고받기 같은 경험을 통해 아이들은 자연스럽게 '상호작용의 규칙'을 익힙니다. 하지만 이 아이들은 그 시기를 대부분 훈련·지시 속에서 보냈습니다.

감정 표현을 억제해야 했고, 싫다는 말조차 할 수 없었기 때문에 스스로의 욕구나 감정을 타인에게 전달하는 법도 배우지 못했습니다. 그러니 또래 앞에 서면 자연스레 위축되고, 관계를 어떻게 맺어야 할지도 막막했을 겁니다.

힘은 세고 무술 실력은 뛰어나지만, 정작 친구와 눈을 맞추고 장난을 치며 대화를 주고받는 정서적 기술은 거의 발달하지 못한 상태였습니다. 이건 남매 사이에서도 그대로 드러났습니다. 집에 돌아와도 함께 수다를 떨거나 장난을 치는 시간이 거의 없었습니다. 각자 장난감 총을 들고 놀긴 했지만, 그것은 함께 노는 게 아니라 평행놀이에 가까웠습니다. 서로의 표정을 보고 반응하거나, 역할을 만들어 대화를 이어가는 놀이 구조가 없었기 때문입니다. 이 정도면 사회성이 뚜렷하게 제한된 상태라고 보아야 했습니다.

학교 폭력과 부모의 무관심이 남긴 오래된 상처

나는 아버지와 아이들을 함께 만났습니다. 그 자리에서 먼저 아버지와 대화를 나눴습니다.

> **김** : 아이들과 유격 훈련이나 복싱 연습 같은 것만 하지 제대로 놀아주지도 않고 대화도 하지 않으시죠. 혹시 문제를 느끼지는 못하셨어요? 아이들이 아무 말도 없이 아빠가 시키는 대로만 하고 있잖아요.
>
> **버** : 그냥… 잘 따라주고 있다고 생각했어요.
>
> **김** : 이제 초등학생인데 주말마다 그렇게 산에 가서 군인들이나 할 법한 훈련을 받는 게 과연 좋을까요?
>
> **버** : ……
>
> **김** : 아버님 입장에서는 필요하니까 시킨 거겠지만, 아이들 마음이 어떨지는 생각해 본 적 없으시죠?
>
> **버**: …네, 그런 것 같습니다.

예상외로 순순히 인정했던 만큼 바로 심리극을 진행했습니다.

내가 아버지의 역할을 대신하고, 아버지가 아이 역할을 해보는 방식이었습니다. 그렇게 역할을 바꿔서 주말에 아이를 끌고 다니는 장면을 재현해 보았습니다.

"자 팔굽혀펴기 이제 10번 남았어! 화이팅! 할 수 있다. 아자아자!"

이런 얘기를 하고, 아이의 역할을 하는 아버지에게 이런 걸 시키기도 했습니다. 심리극을 끝내고 다시 물었습니다.

김: 아이가 되어보니 어떤 마음이 들었나요?
버: 싫다는 말을 하지 않아서 괜찮은 줄 알았는데… 막상 아이
    마음이 되어보니 꽤 힘들었겠다는 생각이 듭니다. '왜 아빠
    가 이걸 시킬까?' 그런 마음이 들 것 같아요.
김: 분명 아이들도 '이걸 대체 왜 하지?' 이런 생각을 했을 겁니
    다. 그런데 그동안 싫다는 말을 할 수 없었던 거죠. 벌써
    7~8년을 그렇게 지내왔잖아요. 아버님이 문제의식을 느끼
    지 못했듯, 아이들도 '싫다'고 표현하는 법을 잃어버린 겁니다.

아버지는 고개를 끄덕였습니다. 현실 인식이 어느 정도 이루어진 만큼, 이제 아버지의 마음을 더 깊이 들여다볼 차례였습니다.

김 : (마음) 이거 다 아이를 위해서 하는 거잖아. 만약에 네가 사고 나거나 해서 세상을 뜨면 이건 누가 가르쳐! 정서? 마음? 친구? 그런 게 뭐가 중요해. 하나도 중요하지 않아. 그냥 살아가는 방식만 중요하잖아.

이비지는 아무 말 없이 듣고 있었습니다.

김: 아버님 안에 이런 마음이 있으시죠? 그런데 만약 정말 걱정하던 일이 생겨 아버님이 갑자기 세상을 떠난다면… 아이들의 기억 속에서 아버님은 어떤 모습으로 남을까요? 여행한 번, 놀이 한 번 없이 계속 이상한 훈련만 시키던 사람으로 남지는 않을까요? 아버님이 바라는 모습이 정말 이런 건가요? 아니면 아이가 원하는 게 이런 모습이었을까요?

버: …아니요. 그건 아닌 것 같습니다.

김: 그렇다면 아이들이 바라던 다른 모습도 보여주셨어야 하지 않았을까요? 이번에는 그 마음을 만나보겠습니다.

나는 아버지의 내면에 숨어있는 '다른 목소리'를 꺼냈습니다.

김: (마음) 너… 아이한테 물어본 적 있니? 이 아이가 진짜 원하는 게 무엇인지, 아이 마음이 어떤지 물어본 적 없잖아. 네

가 불안하다고 해서, 그 불안 때문에 아이에게 무언가를 강
요하는 건 옳은 방식이 아니잖아.

아버지는 생각에 잠긴 듯 말이 없더니, 이윽고 힘들게 입을 떼기
시작했습니다.

> 버 : 말씀을 듣다 보니… 맞다는 생각이 드네요. 저도 그동안 어느
> 정도 알고는 있었습니다. 하지만 아이들의 마음을 받아 주
> 지 못했습니다.
> 김 : 왜 그랬을까요? 받아 주지 못했던 이유가 있을까요?

아버지는 잠시 말을 잇지 못하더니, 아주 조심스럽게 자신의 어
린 시절을 꺼냈습니다. 그때 그의 표정은 앞서의 단단한 모습과는 전
혀 달랐습니다. 눈을 아래로 떨구고 손끝이 미세하게 떨렸습니다.

"사실… 초등학교 때 심하게 왕따를 당했어요."

그는 마치 오래된 상자를 열 듯, 한 장면씩 설명하기 시작했습니
다. 교실 뒤쪽 자리. 쉬는 시간마다 책상이 발로 차이고, 도시락이 엎
어지고, 체육 시간에 일부러 넘어뜨리던 아이들. 아버지는 그 순간을
떠올리며 입술을 굳게 깨물었습니다.

“하루만 지나면 나아지겠지 했는데… 매일 반복됐어요. 너무 무서웠습니다.”

그가 털어놓은 이야기는 거기서 끝이 아니었습니다. 도저히 감당할 수 없어 부모님께 조심스레 얘기했던 날을 떠올리며 그는 잠시 말을 멈췄습니다.

“용기 내서 말했는데… 부모님은 대수롭지 않게 넘어갔습니다. 그냥 ‘네가 뭘 잘못했겠지’라고까지 말씀하셨어요. 그 말이 잊히지 않습니다”

그가 감당해야 했던 건 또래의 폭력만이 아니라, 도움받지 못한 채 홀로 견뎌야 했던 외로움이었습니다.

“그때부터 내가 나를 지켜야 한다고 생각했던 것 같아요. 아무도 나를 대신 지켜주지 않는다는 걸 알았으니까…”

이 말이 나오는 순간, 왜 그가 아이들에게 그렇게 집착적으로 ‘지키는 법’을 가르치려 했는지가 명확해졌습니다. 아버지의 불안은 단순한 걱정이 아니라, 과거의 공포가 형태를 바꿔 되살아난 그림자였던 겁니다. 그는 중학생이 된 뒤 복싱을 배우기 시작했고, 스스로 몸을 단단하게 만들어 공격당하지 않는 법을 익혔다고 했습니다. 그 이후로는 더 이상 괴롭힘을 당하지 않았지만, 마음속 깊은 곳의 공포는 사라지지 않았습니다. 그 공허함과 긴장감이 결국 특수부대 지원으로까지 이어졌고, 성인이 된 뒤에도 그는 무의식적으로 그 시절의 긴장을 유지한 채 살아왔습니다. 이후 결혼을 하고 아이들이 태어났을 때까지는 그 기억이 말없이 묻혀 있었지만, 이혼을 기점으로 오래된 상자가 다시 열려버린 것입니다.

사실 이 아버지의 행동만 보면 '어떻게 아이에게 이런 훈련을 시킬 수 있을까?', '왜 이렇게까지 극단적으로 행동할까?'라고 생각할 수 있습니다. 하지만 상처를 기준으로 보면 다릅니다. 아이들에게 행하는 과도한 훈련은, 결국 더 깊은 두려움이 만들어 낸 방어기제이기 때문입니다. 겉으로 드러난 행동만 보면 비합리적이지만, 그 이면엔 '다시는 다치고 싶지 않다'는 절박한 마음이 자리하고 있었습니다.

동시에 나는 아버지의 고백을 들으며 긍정적인 가능성을 보았습니다. 내가 먼저 이야기를 꺼내지 않았음에도 스스로 자신의 불안이 과거 경험과 연결되어 있다는 사실을 깨달았기 때문입니다.

김 : 아버님이 먼저 이 이야기를 하셨다는 것 자체가 큰 변화입니다. 과거의 아픈 경험이 지금의 불안과 연결되어 있다는 사실을 스스로 인식하셨다는 의미고, 그런 분은 반드시 나아질 수 있습니다.

버: 이야기를 나누다 보니 그때 기억이 계속 떠오르더라고요.
한동안 잊고 있었던 것 같아요.

아이들의 마음을 만나다

다음으로는 아들을 불러 마음을 들어보았습니다.

김 : (마음) 아빠한테 싫으면 싫다고 말하면 어때? 다른 애들은
　　주말에 놀러도 가고 여행도 가잖아. 너도 아빠한테 이거 하
　　지 말고 맛있는 거 먹으러 가자고 얘기하면 되지 않을까?

들 : 아빠가 나를 위해서 해주니까 그런 얘기하면 실망할 거야.
　　속상해 하실 것 같아.

김 : '아빠 싫어. 아빠 왜 해야 해?' 이렇게 말하고 싶을 때도 있
　　었어?

들 : 응. 물어보고 싶은데 못 물어봤어. 아빠가 내 걱정을 해주
　　니까 내가 해야 하는 거 같았어.

아이는 담담하게 그동안 하지 못했던 이야기들을 털어놓았습니
다. 이를 묵묵히 지켜보던 아버지가 다가와 아들의 손을 잡고 안아줬
습니다.

김 : 딸도 나와 볼래? 아버님. 아이들 꼭 안아주고, 눈 바라보면
서 하고 싶은 얘기 있으면 해주세요.

버 : 아빠가 그동안 너희들 마음을 몰랐어. 아빠 혼자 너희들 키
우면서 혹시 잘못될까 봐 걱정이 많았어. 그게 너희들을 위
하는 길이라고만 생각했어. 너희들 얘기 못 들어줘서 정말
미안하다.

아이들은 아무 말도 못하고 고개를 숙인 채 눈물만 뚝뚝 흘리고
있었습니다. 조금 추스른 다음 아이들에게도 아빠한테 하고 싶은 말
을 해보라고 했습니다.

딸 : 아빠 나 사실은 이런 것 보다 아빠랑 놀고 싶고, 여행도 가
고 싶었어. 주말에 아빠랑 맛있는 거 먹으러 가고 싶었어.

버 : 그래 그래. 이제 산에 가지 말고 주말마다 놀러 다니자. 아
빠가 너무너무 미안해.

아버지가 아이들의 마음을 충분히 받아주었기 때문에 더 이상
심리극을 이어갈 필요가 없었습니다. 사실 한 번의 상담으로 이렇게
드라마틱하게 좋아지는 경우는 흔치 않습니다. 하지만 이 아버지가
문제의 원인을 스스로 인식한 덕분에 변화의 속도는 빨랐습니다. 심
리극이 지향하는 바도 결국 이것입니다. 모든 해결은 '내가 왜 이렇게

행동하는가'를 스스로 깨닫는 데서 시작됩니다.

쓸데없는 거 하세요.

이제 남은 과제는 아이들의 사회성 회복이었습니다. 아버지가 변화의 의지를 충분히 보였기 때문에 금방 좋아질 수 있을 거라고 판단했습니다. 나는 아버지에게 아이의 친구들이 집에 놀러 오게도 하고, 친구들 집에 놀러 갈 수 있게 중간에서 노력할 것을 당부했습니다. 이 아이들은 그동안 아버지와 해왔던 특별하고 독특한 경험이 아니라 일반적인 경험이 필요합니다. 친구와 웃고 떠들고, 사소한 놀이를 함께 하고, 때로는 다투기도 하며 다시 화해하는 그런 일상의 경험 말입니다. 이 아이들은 겉으로 보기엔 학교도 다니고 학원도 다녔지만, 사실상 단절된 생활을 해온 것이나 다름없었습니다. 그러니 '어떻게 놀아야 하는지' 자체를 모르는 것이죠. 나는 지금 아이들에게 필요한 것은 아버지가 아니라 친구들이라는 점을 강조했습니다. 아버지는 잘 알겠다고 수긍하며, 감사하다는 인사를 건넸습니다. 아이와 함께 나가려던 아버지가 멈칫하며 돌아서더니 다시 물었습니다.

버 : 그런데 선생님, 제가 또 뭘 하면 좋을까요? 아이들이 빨리

　　좋아질 수 있다면 뭐든지 하고 싶습니다.

김 : 일단 집에 있는 총이랑 칼 같은 무기류 장난감 모조리 다

갖다 버리세요. 아이들은 그 나이에 맞는 놀이를 해야 합니다. 고작 초등학생밖에 안 된 아이들이 벌써 군대 체험해서 좋을 게 뭐가 있겠어요. 특히 딸아이한테는 예쁜 인형 하나 사주세요. 지금은 어색해할지 몰라도 익숙해질 때까지 자주, 많이 사주세요.

버 : 네. 모조리 갖다 버리고 예쁜 인형 사주겠습니다. 또요? 또 있을까요?

나는 이렇게 말했습니다.

"그냥 쓸데없고 의미 없는 거 하세요. 아이들한테 뭐 하고 싶은지 물어보세요. 아이들도 경험이 없어서 모르겠다고 할 수 있습니다. 그러면 놀이공원 가서 재미있게 노는 거 하세요. 김밥 싸서 한강 같은 데 가서 경치 보는 거 하세요. 맛집 찾아가서 줄 서는 거 하세요. TV 틀어놓고 그냥 아무 생각 없이 웃고 떠들고 시시덕거리는… 그런 거 많이 하세요. 아버님… 사는 게 그런 거잖아요."

고개를 끄덕거리던 아버지가 그럽니다.

"네. 맞아요. 생각해 보니 그게 사는 거네요."

아버지도, 아이들도 환하게 웃었습니다. 이제 그들에게 응원이나 더 이상의 상담은 필요 없을 겁니다. 분명 훨씬 더 나아질 테니까요. 나는 양쪽으로 아버지의 손을 잡고 신나게 뛰어가는 아이들의 뒷모습을 한참 동안 바라보았습니다.

3

심리극 사례 7 – 방치가 만들어 낸 극단의 과잉보호

역대급 과잉보호

역시 방송에서 심리극 상담을 요청받은 사례인데, 이분은 그동안 내가 만난 부모 중에서도 손에 꼽을 만큼 극단적인 과잉보호를 보인 어머니였습니다. 큰아이가 곧 중학생이 되는데도 등교 전이면 양말, 속옷, 상·하의, 신발까지 거실에 일렬로 펼쳐 놓습니다. 아이는 고를 필요도 없고 스스로 준비할 기회도 없습니다. 숙제를 하고 있으면 침대나 책상 앞까지 와서 밥을 떠먹여 줍니다. 아이는 이에 대해 좋다 싫다는 말조차 없이 그저 따르기만 합니다. 입으라는 옷을 입고, 먹여 주면 먹습니다. 스스로 판단하거나 표현할 여지가 거의 없었습니다.

여기에 더해 어머니에게는 아이의 건강 불안도 강하게 나타났습니다. 감기로 기침을 몇 번 했을 뿐인데 늦은 밤이 아님에도 택시를 타고 곧장 응급실로 직행합니다. 전쟁터를 방불케 하는 응급실에서 아이는 멀쩡히 앉아 있으니, 오히려 응급의학과 의사들이 당황합니다.

“이 아이는 응급실에 올 상황이 아닙니다. 그냥 외래 진료를 받으세요.”

어머니는 이 당연한 말조차 쉽사리 납득하지 못했습니다. 게다가 이 어머니는 학교에서 급식이 나오는데도 늘 도시락에 반찬을 챙겨 보냈습니다. 급식과 함께 먹으라는 의미였습니다. 같은 반 아이들이 의아해하며 “이거 왜 싸 왔어?”라고 물어보지만 아이는 대답하지 않습니다. 보다 못한 주변 사람들이 “너무 그렇게 하지 말고 스스로 할 수 있게 두세요.”라고 조언해도 받아들이지 않았습니다.

그러다 보니 아이는 사회성이 극단적으로 떨어진 상태였습니다. 누가 질문을 하면 고개를 끄덕이거나 젓는 것만 할 뿐 자신의 의사를 전혀 말로 표현하지 않았습니다. 마스크와 후드티로 얼굴을 완전히 가리지 않으면 외출도 어려웠습니다. 수업 시간에도 선생님을 제대로 보지 못한 채 시선을 아래로 떨구고 몸을 흔들거나 손끝을 만지작거리기 일쑤였는데요, 이런 모습을 통해 사람이라는 존재 자체가 아이에게 긴장과 부담이라는 사실을 알 수 있었습니다.

학교에서 어머니에게 아이 문제로 연락을 한 적도 있었다고 합니다. 하지만 어머니는 '말수가 적고 표현이 부족한 아이' 정도로만 생각하고 아무렇지 않게 넘겼습니다. 어머니에게 문제의식이 없다 보니, 아이의 문제 역시 제대로 인식하지 못한 것이죠. 당연히 학교에서는 아이가 어떤 환경에서 자라고 있는지 알 길이 없었고, 결국 필요한 지원도 적절하게 이루어지지 못했습니다.

상담의 시작

이 정도의 사전 정보를 접한 나는 어머니와 아이, 외할머니와 함께 상담을 시작했습니다. 먼저 어머니와 대화를 좀 나눠보니, 아이가 본인을 잘 따르기 때문에 마음이 편하고 이렇게 챙겨주지 않으면 불안하다고 말했습니다. 아이는 금방 자랄 테고 그러면 더 이상 이렇게 돌봐 줄 수 없으니 지금이 엄마 역할을 다할 때라고 믿고 있었습니다. 다음으로 아이와 대화를 나눠보았습니다.

김 : 엄마가 많이 챙겨주는 것 같은데, 너는 그게 좋아?

들 : ……

김 : 선생님이 네 마음을 알고 싶은데 대답이 없으니 모르겠다.

　　친구들에게도 표현을 잘 안 하니?

들 : ……

이 나이대의 아이들이 전반적으로 자기 마음을 잘 얘기하지 않는 경향은 있습니다만 이렇게까지 침묵으로 일관하는 건 흔치 않은 경우였습니다. 상담 자체가 진행될 수 없는 상태였죠. 이어서 외할머니와 대화를 나누었습니다.

> **김** : 지금 따님이 손자에게 보이는 양육 태도에 대해서 어떻게 생각하세요?
>
> **할** : 문제가 있죠. 왜 그렇게 어린애처럼 대하냐고 여러 번 말했는데도 안 듣는 걸 어떻게 합니까.
>
> **김** : 그러셨구나… 가끔 손주를 봐줄 때도 있을 텐데 그때는 갈등이 없었나요?
>
> **할** : 아유~ 왜 없었겠어요. 딸이 일 나가면서 저한테 이런 거 저런 거 챙겨줘야 한다고 얘기하는데 한두 개 빼먹으면 그냥 소리 소리를 질러요. 왜 안 챙겨줬냐고… 애가 얼마나 불편했겠냐면서… 그래서 요즘엔 딸네 집에 잘 가지도 않아요.

할머니는 딸과의 갈등으로 이미 지쳐 있었습니다. 다시 어머니와 상담을 이어가자, 이번에는 부부 갈등도 드러났습니다. 아버지는 아이를 독립적으로 키워야 한다고 주장하는데 어머니는 그것을 '무관심'으로 해석했습니다. 게다가 어머니가 모든 것을 주도하다 보니 아버지가 개입할 여지가 거의 없었습니다. 어머니가 시간마다 '이걸 해야 한다', '저기로 가야 한다', '이제 밥 먹어야 한다'와 같이 쉴 새 없이 지시하고 아이들은 그대로 움직이다 보니, 가끔 아버지가 아이를 데리고 함께 놀려고 해도 그럴 틈조차 없었습니다. 아이와 아버지의 관계 맺음도 중요한데, 그런 경험 자체가 부재했죠.

초등학교 6학년이면 서서히 자기 세계를 확장해야 할 시기입니다. 하지만 이 아이는 표현도 선택도 관계도 없는 삶 속에서 점점 더 움츠러들고 있었습니다. 그럼에도 어머니는 자신의 행동을 여전히 '부모로서 당연히 해야 하는 일'이라고 믿고 있었죠. 문제의 뿌리는 한 방향이 아니라 여러 층위에서 얽혀 있었고, 그래서 해결은 단순하지 않아 보였습니다.

방치의 상처가 만든 극단의 보살핌

하지만 분명 이 어머니가 여기까지 오게 된 데에는 이유가 있을 터였습니다. 그 원인을 찾기 위해 많은 이야기를 나누었고, 자연스럽게 어린 시절 성장 배경에 관해서도 물었습니다. 그리고 그 과정에서 비로소 해결의 작은 실마리를 파악할 수 있게 되었습니다.

이 어머니는 어릴 때부터 강하게, 그리고 거의 돌봄 없이 자랐습니다. 그 시절 우리의 부모들이 그러했던 것처럼 이분의 부모님 역시 생계를 책임지느라 새벽에 나가 밤늦게 귀가하셨습니다. 돌봄의 공백이 늘 존재했던 것이죠.

언니들이 있었지만 그들 역시 고작 중학생이었습니다. 나름대로
챙긴다고 챙겼겠지만 얼마나 잘 돌봐 줄 수 있었겠습니까. 당시 엄마
얼굴을 볼 수 있는 날은 일주일에 한 번이 될까 말까였다고 합니다.
어린 마음에 엄마가 올 때까지 버티고자 잠을 참고 또 참았지만 결국
잠들어버렸고, 다음 날 혼자 엉엉 울던 기억이 떠올랐다고 합니다.

김 : 아 그러셨구나. 혹시 특별히 기억에 남는 일이 또 있을까요?

어 : 지금도 잊히지 않는 사건이 하나 있어요. 제가 3학년 때인
가… 열이 39도까지 올랐는데 이틀 만에 발견되었어요. 그
때까지 그 누구도 제 이마 한 번 만져보지 않았던 거예요.

김 : 아이고… 언니들이 있지 않았나요?

어 : 다들 어렸으니까요. 아침엔 학교 가느라 바빴고, 학교 갔다
돌아와서는 제가 피곤해서 잔다고만 생각했던 것 같아요.
그러다 이틀 동안 학교를 안 갔으니까 전화가 와서 알게 된
거죠. 늦은 밤에 엄마가 저를 데리고 병원에 갔는데 의사가
너무 늦게 왔다고… 아이 죽을 수도 있다고 얘기했던 게 생
각나요. 다행히 기적적으로 살아났지만 그때 기억이 지금도
남아 있어요.

김 : 또 생각나는 게 있으세요?

어 : 도시락 반찬이요. 저도 아이였으니까 맛있는 반찬 싸가고
싶었죠. 그런데 맨날 제 도시락엔 콩자반만 들어있었어요.

오죽했으면 제 별명이 콩자반이었다니까요.

그제야 나는 이 어머니의 과잉보호가 선명하게 이해되기 시작했습니다. 어린 시절 내내 기다려도 오지 않는 엄마, 아파도 살펴주는 사람이 없던 공백, 스스로를 지켜야만 했던 외로움이 한 아이의 엄마가 된 지금까지 남아 있었던 것입니다. 그러니 아이에게 보여준 행동은 단순한 '과잉보호'가 아니라, 자신의 몸과 마음에 아로새겨진 과거를 보상하려는 마음이었습니다.

죽을 뻔했던 그날의 공포로 인해 아이의 기침을 몇 번에 응급실로 달려갔던 것입니다. 어릴 적 도시락 반찬이 늘 콩자반뿐이었으니, 아이에게만큼은 정성과 시간, 마음을 담아 예쁜 도시락을 만들어 주었던 것입니다. 아마 도시락을 싸면서 이런 생각을 했을지도 모릅니다.

'우리 아이는 좋아하겠지… 든든하게 먹겠지… 내가 해주는 이 반찬으로 행복하겠지…'

이 어머니에게 아이는 외로움에 울먹이던 옛날의 나 그 자체였습니다. 그때의 자신에게 해주고 싶었던 것을 아이에게 한꺼번에 쏟아붓고 있었던 것이죠.

김 : 어머님 안에 죽음의 공포와 돌봄 받지 못한 마음이 그대로

남아 있는 것 같습니다. 그 상처가 아이에게 반대의 극단으로 이어진 것 같아요. 혹시 이런 마음을 친정어머니께 말씀드린 적 있으세요?

어 : 네… 성인이 되고 난 이후, 결혼 전에 농담처럼 가볍게 애기했던 적이 있어요.

김 : 뭐라고 하시던가요?

어 : 지금 멀쩡히 잘 살아있는데 그 애기를 왜 또 꺼내냐고… 너도 참 유난이라고… 그런 식으로 말하셨어요.

아마 이 어머니는 그때 받지 못했던 공감을 이제라도 이해받고 싶어서 말을 꺼냈을 겁니다. 하지만 돌아온 것은 냉소와 질책이었고, 이 경험은 다시 또 큰 상처로 남았습니다. 이렇듯 해결되지 않은 감정은 성인이 된 뒤에도 삶 전반에 깊은 흔적을 남기고, 결국 다음 세대의 삶에까지 이어지기 쉽습니다.

김 : 어머니… 만약 그때 그렇게 아팠던 때로 다시 돌아간다면 어떤 이야기를 듣고 싶으세요?

어 : 옆에서 챙겨주지 못해 미안하다고… 다 나을 때까지 곁에 있겠다고… 그런 말을 듣고 싶어요.

이 자리에 친정어머니도 함께 있었기에, 잘만 활용하면 감정의 매듭을 풀 수 있는 치유의 기회가 될 수도 있었습니다. 심리극에서는 이런 장면 재구성을 통해 과거의 상처를 다시 만지고, 상징적으로나마 상처와 묵은 감정을 해결할 수 있습니다. 동시에 이 상황은 양날의 검이기도 합니다. 만약 상대가 이미 세상을 떠났다면 심리극 안에서 '상징적 관계'만 다루면 되기에 비교적 안전한 방식으로 치유가 이루어질 수 있습니다. 하지만 지금처럼 실제 인물이 눈앞에 있는 경우, 잘 풀리면 관계 회복 효과가 매우 크지만 잘못 닿으면 오히려 상처가 더 커질 위험도 있기 때문입니다.

세대의 상처를 마주하는 시간

하지만 역시 이 기회를 놓칠 수 없다고 판단했습니다. 나는 자연스럽게 할머니와의 대화를 이어갔습니다. 사실 이 할머니 역시 비슷한 환경 속에서 자란 분이었습니다. 아마 그 세대에는 돌봄이나 공감이라는 개념 자체가 더욱 희미했고, 생존이 우선이던 시대였기에 더욱 그랬을 것입니다.

김 : 할머니의 어머님은 어떠셨어요?

할머니는 잠시 머뭇거리더니 묵직한 기억을 꺼냈습니다.

할 : 아이고… 우리 어머니는 이유도 없이 쇠꼬챙이로 때리셨
어요. 옆에 가기만 해도 욕하고 소리 질러서 마냥 무서웠고
피하기 바빴어요. 한 번은 학교 갔다 와서 엄마 치마폭에 들
어갔더니 '미친 년아! 왜 거슬리게 하고 지랄이야! 저리가!!'
그랬다니까요. (딸을 바라보며) 얘… 나는 너한테 그렇게까지
는 안 했잖니. 내가 뭘 그렇게 너한테 못 해줬니. 너도 진짜
너무 한다.

도망치듯 살아낸 어린 시절, 공감받을 기회는 없었습니다. 그 상
처를 지닌 채 어른이 되었고, 딸을 키웠습니다. 어쩌면 딸에게 다정함
을 주고 싶었지만, 자신도 배워본 적이 없기에 방법을 몰랐던 것인지
도 모르겠습니다.

김 : 그런 과거 때문에 따님에게 따뜻하게 표현하기가 어려우셨
던 것 같습니다. 그런데 지금 따님은 그 마음의 빈자리를 아
이에게 쏟아내고 있습니다. 이 감정을 할머니께서 직접 풀
어주셔야 합니다.

할머니는 손사래를 치며 말했습니다.

할 : 아유… 뭘 그런 걸… 저는 못하겠어요.

그 마음 또한 이해할 수 있었기에, 나는 심리극으로 조심스레 문을 열었습니다.

김 : 그럼 지금부터 저를 마음이라고 생각해 주세요. 제가 할머니의 마음이 되어서 얘기해 볼게요.
(마음) 나는 네 마음이라서 잘 알아. 하기 싫지… 어색하고 낯설지… 그래도 딸이 원하잖아. 어릴 때 너도 어머니한테 그런 말 못 들어봤잖아. 그런데 사실은 듣고 싶었잖아. 얘기해 줘. 그래야 딸도 아이 독립적으로 키우고 과잉보호 안해. 너도 그동안 답답했잖아

이 모습을 보던 어머니가 끼어들어 말리기 시작했습니다.

어 : 선생님, 됐어요. 엄마는 그런 거 못 해요.

하지만 할머니는 무언가 결심한 듯 잠시 숨을 고른 뒤 말했습니다.

할 : 아… 알겠어요. 해볼게요.
김 : 네. 잘 생각하셨어요. 그럼 할머니가 어머니 뒤에 앉아보세요. 지금부터 시간 여행을 가겠습니다. 우리 딸 초등학교 3학년 때로 돌아가서 이마 만지면서 다정하게 얘기해 주세요.

마지못해 앉긴 했지만, 어색해하시는 게 고스란히 느껴졌습니다. 어머니도 굉장히 민망해 했고요. 나 역시 '잘 될 수 있을까?' 하는 걱정도 들었지만 이 문제를 해결하기 위해서는 반드시 해야만 하는 일이기도 했습니다. 한참을 주저하던 할머니가 천천히 팔을 뻗어 딸을 안았습니다.

할 : 아이고 열이 많이 나네… 우리 딸 많이 아팠구나. 엄마가
　　미안해. 일하러 가지 말고 널 돌봐야 하는데… 먹고 사는
　　게 뭔지… 너한테 제대로 신경도 못 써주고… 엄마가 너무
　　미안하다.

놀랍게도 이 얘기를 하는데 할머니가 눈물을 뚝뚝 흘리기 시작했습니다. 듣고 있던 어머니도 울고 있었습니다. 심리극 속 장면인데도, 어머니는 마치 초등학교 3학년 어린아이가 된 것처럼 얘기했습니다.

어 : (어린아이처럼) 엄마… 나 사랑해? 학교 안 가도 돼? 같이 있
　　어 줄 거야?

할머니는 딸을 더 꼭 안았습니다.

할 : 그럼. 엄마는 우리 딸이 제일 소중해. 학교 안 가도 돼. 다

나을 때까지 엄마가 네 옆에 있을게. 걱정하지 마.

방 안의 공기 전체가 조용하게 흔들리는 것 같았습니다. 수십 년 동안 전달되지 못하고 표류하던 말이 처음으로 서로에게 닿은 순간이기도 했습니다.

김 : 할머니… 어떠셨어요? 아까 하기 싫어하셨잖아요.

할 : 아… 마음이 좋았어요. 이게 뭐라고… 진작 해줄 걸 싶었어요.

김 : 어머니는요?

어 : 저도요. 엄마가 이렇게 안아주고, 따뜻하게 말해 준 게 처음인 것 같아요. 사실 그동안 마음이 항상 답답했어요. 그런데 좀 시원해진 느낌이에요.

정서적 회복이 눈앞에서 일어날 때의 힘

나는 이 장면을 지켜본 아이에게도 분명 어떤 변화가 있을 거라고 확신했습니다. 심리극 상담을 진행할 때 가족이 함께 참여하면서 서로의 마음과 상황을 지켜보게 하는 데는 중요한 몇 가지 이유가 있습니다. 우선 이 과정을 통해 그동안 어머니가 왜 불안해했는지, 그 불안이 어디서 시작되었는지, 그리고 그 감정을 할머니가 어떻게 다시 받아주는지를 아이가 눈으로 볼 수 있습니다. 그 순간 아이는 '엄마가 나를 억압해서가 아니라, 상처 때문에 그랬구나'라는 이해를 경험하고, 그 이해는 곧 안전감으로 이어집니다. 다음으로 각자가 변화해야 할 지점이 훨씬 명확해집니다. 엄마는 '이제 놓아줘야 할 때'임을, 아이와 할머니는 '엄마 마음속의 빈자리'를 이해하게 되고, 이것이 각자에게 더 자연스럽게 역할 전환을 준비할 수 있는 힘이 됩니다.

심리극의 본질은 연기가 아니라, 보지 못했던 마음을 눈앞에서 확인하는 과정입니다. 그래서 이 방식은 엄마와 할머니뿐만 아니라 아이의 마음까지 열 수 있습니다. 가족 안의 갈등이 회복될 수 있다는 가능성, 감정이 표현될 때 관계가 달라진다는 경험, 부모의 상처에도 이유가 있다는 이해, 이 모든 것이 아이의 정서 시스템 안에 긍정적 모델로 자리 잡게 됩니다.

> 김 : 할머니랑 엄마 모습 봤는데 어땠어? 좋아 보였니?
> 들 : (고개 끄덕끄덕)
> 김 : 그럼 이제 너도 네가 해야 할 일은 스스로 할 수 있겠어?
> 들 : (고개 끄덕끄덕)

이제 다시 어머니 차례였습니다. 오랫동안 어머니를 사로잡았던 '불안의 마음'과 이별하는 과정이 필요했습니다. 나는 다시 어머니를 불러 마음을 만났습니다.

김 : (마음) 너 지금 무슨 소리하는 거야. 그렇게 하지 말고 그냥 하던 대로 해. 불안하잖아. 계속 챙겨주고 싶잖아. 나랑 이별할 생각도 하지 마. 너는 절대 나 못 벗어나.

어 : 싫어. 이제 이렇게까지 안 할 거야. 우리 아들 스스로 할 수 있어.

김 : 너 그 말 진짜 지킬 거야? 아들이랑 엄마 앞에서 약속할 수 있어?

어 : 할 수 있어.

어머니는 스스로 자신의 의지를 말했습니다. 이제 이 상담의 마지막 과제는 아이가 자신이 결심한 바를 스스로 말하게 하는 것이었습니다. 언어로 표현한 결심은 아이의 정서적 주체성을 강화하고, 엄마의 개입 구조를 바꾸는 열쇠가 되기 때문입니다. 나는 아이를 불러서 마음을 만나보았습니다.

김 : (마음) 안녕? 나는 네 마음인데… 너 갑자기 왜 그래? 뭘 스스로 하려고 해? 그냥 엄마가 챙겨주는 대로 해. 엄마가 하나부터 열까지 챙겨주니까 편하고 좋았잖아.

들 : (고개를 젓는다)

김 : (마음) 뭘 스스로 할 건데? 당장 할 수 있는 거 하나만 얘기해 봐

들 : (작은 목소리로) 옷 입는 거…

김 : (마음) 그래? 그럼 내가 엄마 데리고 올 건데… 너 엄마 앞

　　에서 직접 그 얘기 할 수 있겠어?

들 : (고개 끄덕끄덕)

나는 엄마를 나오게 했습니다. 손을 마주 잡게 한 뒤 아이에게
말했습니다.

김 : (마음) 이제 너 엄마한테 용기 내서 얘기할 수 있어. 하고 싶

　　은 말 해봐.

들 : (엄마를 쳐다보며) 엄마! 나 이제 스스로 해볼게.

심리극 상담 내내 처음 들은 아이의 당당한 목소리였습니다. 나
또한 아이의 표현에 깜짝 놀랄 정도였습니다. 이 말은 마치 아이가 세
상과 연결되는 첫 발걸음처럼 느껴졌습니다.

어 : 그래… 알았어. 너 이제 스스로 해봐!

김 : 어머니 이 말 듣는 데 어떤 기분이 들었어요?

어 : (환하게 웃으며) 대견했어요. 이제 다 큰 것 같아요.

엄마도, 아이도 이제 서로에게 얽혀 있던 끈을 조금씩 풀고 독립

할 준비가 되어 있었습니다. 심리극 상담을 마무리하며 나는 아이에게 물었습니다.

"그동안 왜 말하지 않고 고개만 끄덕였니?"

아이는 조심스레 대답했습니다.

"엄마가 나를 위해 해주니까… 싫다고 하면 상처받을까 봐요."

앞서 만났던 과잉보호 사례의 아이들도 비슷한 말을 했었죠. 아이들의 마음은 생각보다 단순하면서도 섬세합니다. 편해서가 아니라, 부모의 마음이 다칠까 봐 침묵을 선택하곤 합니다. 상담을 끝내며 나는 어머니에게 아이의 기분과 하루를 마음껏 표현할 수 있도록 도와주라는 조언을 건넸습니다. 그리고 할머니에게도 말했습니다.

"딸이 이미 성인이고, 한 아이의 엄마지만, 그래도 여전히 어머니의 따뜻한 칭찬과 격려와 위로가 필요합니다. 자주 만나서 다정하게 얘기해 주세요."

할머니가 딸의 마음을 조금 더 돌볼 수 있을 때, 어머니는 비로소 숨을 고를 여유가 생기고, 그 여유는 다시 아이에게 건강한 방식으로 흘러갑니다. 이렇게 세대의 상처는 조금씩 끊어지고, 아이의 삶은 부모의 불안이 아닌 자신의 힘으로 살아가는 방향으로 움직이기 시작합니다.

4

마음 만나기

나의 어린 시절 돌아보기

· 어린 시절, 내가 할 수 있는데 혹은 내가 하고 싶었는데 부모가 나
대신 해주었던 경험이 있었나요?

· 그때 나는 어떤 마음이 들었나요?

· 어릴 때 하지 못했던 말 가운데 지금 떠오르는 말이 있다면 적어보
세요.

지금의 양육 태도 점검하기

· 지난 한 달 동안, 아이가 충분히 할 수 있는 일을 내가 대신 해준 적
이 있나요?

· 그 순간 내 마음에는 어떤 불안이 있었나요?

· '아이가 힘들어하는 것을 못 견디는 나의 감정'은 무엇인가요?

____

____

____

____

· 아이의 어려움·고통·실수를 바라볼 때 내 안에서 올라오는 감정은
무엇인가요?

____

____

____

____

· 그 감정 때문에 아이가 배우고 자랄 기회를 내가 빼앗은 순간은 없나요?

____

____

____

____

아이에게 물어보세요. 아이의 답변을 그대로 적어보세요.

"네가 할 수 있는데 엄마/아빠가 너무 많이 도와주는 게 있어?"

"엄마/아빠가 먼저 나서지 말고 믿고 기다려 줬으면 하는 순간은 언제였어?"

"그렇게 엄마/아빠가 지나치게 도와줬을 때 너는 어떤 기분이 들었어?"

· 오늘부터 아이가 스스로 하도록 두겠다는 행동 한 가지를 적어보세요. 그리고 한 달 동안 꾸준히 실천해보세요. 예) 준비물, 정리, 숙제 계획 등

한 달 후 나의 변화 점검하기

· 지난 한 달 동안 아이가 스스로 해낸 순간을 몇 번 보았나요?

· 그때 나는 어떤 마음이 들었나요?

· 이와 관련하여 앞으로의 다짐을 적어보세요.

예: 나는 아이가 스스로 해내는 모습을 믿고 기다린다.

CASE. 5

편애의 뿌리

1

편애는 어떻게, 왜 발생하는가

부모 마음속 작은 기울기

여러 아이들 사이에서 나타나는 편애와 불공평은 많은 가정에서 은근히 혹은 노골적으로 발생하는 문제입니다. 솔직히 부모 입장에서 보면 '예쁜 아이와 더 예쁜 아이'가 있을 수 있습니다. 인간이기에 자연스럽다고 말할 수도 있지요. 그러나 이런 정도를 벗어나 '예쁜 아이와 미운 아이'로 나뉘기 시작하면, 그때부터는 문제가 있다고 할 수 있습니다.

아이들은 한 배에서 나왔어도 서로 너무나 다릅니다. 인간의 내면은 선천적으로 가지고 태어나는 기질과 성장 과정에서 형성되는 성격으로 이루어집니다. 누가 어떤 기질을 가지고 태어날지 우리는 알 수 없습니다. 그래서 어떤 아이는 태어날 때부터 차분하고 순하지만, 어떤 아이는 예민하고 자극에 민감합니다. 아직 성격이 만들어지기 전, 기질만이 또렷하게 드러나는 시기에는 아이에 따라 부모가 경험하는 '양육 난이도'가 천차만별입니다. 같은 부모, 같은 환경에서 자라는데도 어떤 아이는 부모의 품에 잘 안기고 금세 안정되지만, 어떤 아이는 사소한 변화에도 울음을 터뜨리고 한동안 진정되지 않지요.

바로 이때 부모는 자신이 자라온 방식대로 아이를 대합니다. 누군가는 '아이마다 다를 수 있다'고 받아들이지만, 또 누구는 '도대체 왜 이러는 거야?'라고 생각하면서 화가 치밀어 오릅니다. 후자의 경우 조금씩 부모의 감정이 기울기 시작하고, 그 작은 기울기를 얼른 바로잡지 못하면 시간이 지나 잘못된 형태로 굳어질 수 있습니다.

그러다 보면 아이가 성장하고 나이가 들어도 부모는 아이를 받아주지 않고, 아이는 아이대로 나아지기는커녕 부모를 더더욱 힘들게 하는 지경에 이릅니다. 내가 만난 부모 중에서는 아이를 보고 있으면 화가 난다고 한 분도 있었고, 아이가 너무 미워서 던졌다는 분도 있었습니다. 심지어 '살기가 느껴질 만큼 아이가 싫다'고 표현한 어머니도 있었죠. 그러나 이상히게도 이들 모두 다른 아이는 여전히 '예쁘게' 느껴졌다고 합니다. 그러다 보니 스스로 '미친 게 아닌가?'라는 생각까지 하게 되었다고 하죠.

각인되는 감정

때로 아이가 부모에게 항변 아닌 항변을 할 때도 있습니다.

"엄마, 왜 차별해? 왜 오빠만 예뻐하고 나는 미워해?"

여기까지 오면 부모의 마음속 기울기만의 문제가 아닙니다. 이제 관계의 틀이 굳어지기 시작한 것입니다. 그럴 때 대부분의 부모는 이렇게 말합니다.

"네 오빠처럼만 해봐라. 내가 안 예뻐하겠어?"

이때는 실제로 아이가 오빠보다 못해서라기보다, 편애하는 마음이 이미 부모의 일상적인 기본값이 되었을 가능성이 큽니다. 하나하나 따져보면 칭찬해 줄 만한 부분도 분명히 있는데 이제는 아이가 무슨 행동을 하든 마음에 들지 않는 것이죠. 여기서부터는 문제가 심각해집니다.

아이의 입장에서 보면, 피그말리온 효과Pygmalion Effect와 자기충족적 예언Self-Fulfilling Prophecy이 동시에 상호작용합니다. 구체적으로 예를 들어 설명해 보죠. 만약 내가 성격이 소심하고 얌전하지만, 험상궂게 생겼다면 중·고등학교 때 어떤 일이 벌어졌을까요? 가만히 있어도 다른 친구들이 내 말을 잘 듣고, 잘 따르겠지요. 알고 보면 나는 싸움도 못 하고, 소심하고 얌전한데 말입니다! 그런데 이런 일이 반복되다 보면 나중에는 성격 자체가 변할 수 있습니다. 비근한 예로 "제가 A형이라 소심해요." 같은 말이 있습니다. 사실 A형이 소심하다는 과학적 증거는 어디에도 없습니다. 하지만 그런 말을 계속 들으면서 자라다 보니 정말로 소심한 성격이 되어버린 것이죠. 마찬가지로 부모가 아이에게 부정직 시선을 유지하거나, 그런 감정이 반복되면 아이는 '나는 원래 이런 사람'이라고 자기개념을 형성하게 되고, 실제 행동도 그 방향으로 굳어집니다. 결국 부모의 인식이 아이의 기질·성격 발달을 왜곡시키는 강력한 환경적 자극이 되어 버리는 셈이지요.

이렇게 지속적인 편애와 불공평은 형제 간의 관계를 갈라놓을 뿐만 아니라, 아이의 정서·행동에도 큰 상처를 남깁니다. 기피되는 아이는 점점 좌절하고 삐딱해지고, 인정받는 아이는 더 잘하는 쪽으로 강화됩니다. 가족 내부에서 역할이 고정되며 결국 한 아이는 '문제를 일으키는' 역할을 떠맡게 됩니다. 그러다 결국 완전히 튕겨져 나가거나 비행·중독·가출 같은 극단적 행동으로 이어지기도 합니다.

아이에게 문제가 있나고 느껴지면, 기질이나 성격 검사를 받아보는 것도 도움이 됩니다. 필요하다면 상담을 통해 아이의 정서 상태를 더 깊이 들여다볼 수도 있습니다. 때로는 외부 환경이나 또 다른 요인이 문제를 만들고 있을 수도 있습니다. 당장 해결이 어렵더라도, 시간을 들여 정성을 기울이면 반드시 좋아질 수 있습니다. 그 단계까지 갈 수 있도록 인내해 주고, 사랑으로 감싸주는 것이 부모가 해야 할 역할입니다.

　우리는 부모이기 때문에 아이가 왜 이런 반응을 보이는지, 어떻게 도와주면 정서적으로 더 안정될지를 끊임없이 고민해야 합니다. '쟤는 원래 이상해', '나는 쟤가 미워'라고 단정 지어버리고 외면하면 아이는 점점 더 망가질 뿐입니다. 실제로 이 문제를 해결하지 못해, 성인이 된 이후 가족과 인연을 완전히 끊고 살아가는 사람들을 적지 않게 보았습니다. 이게 우리 가정의 이야기로 번질 수 있다고 생각해 보면 너무 비극적인 일이 아닌가요.

부모의 상처, 희생양이 되는 아이

　편애는 단순히 아이의 행동 때문이 아닙니다. 부부 관계나 과거의 상처가 투영되는 경우도 많습니다. 예를 들어 남편과의 관계가 좋지 않은 어머니가 있다고 가정해 보겠습니다. 남편의 말투가 싫고, 성격이 싫고, 함께 있는 것 자체가 힘들다고 느낀다면, 남편을 닮은 첫째 아이에게 동일한 감정이 향할 수 있습니다. 겉으로는 아이와 남편을 분리해서 보려고 해도 마음 깊은 곳에서는 이미 감정의 방향이 정해져 있는 것입니다.

　가족 상담에서는 편애와 차별이 특정 아이를 희생양scapegoat으로 만드는 과정과 연결되기도 합니다. 누군가를 비난하는 데서 그치는 게 아니라 공동체의 결속과 갈등을 구조적으로 유지하는 심리적 메

커니즘의 일종으로 작용한다는 것이죠. 약육강식의 논리로 작동하는 동물들은 물론 인간 사회에서도 종종 벌어지는 일이기는 합니다. 그러나 가족 안에서 희생양이 만들어지는 것은 가장 비극적인 형태의 정서적 폭력입니다. 가족의 안정이 높아지는 것처럼 보이지만, 실제로는 가장 약한 고리의 아이 한 명이 무너지고 있는 것입니다.

문제의 중심은 결국 부모

원인이 무엇이든 편애의 중심에는 결국 부모의 화와 분노가 있습니다. 아이의 행동 자체보다, 그 행동을 바라보는 부모의 정서가 문제를 키웁니다. 그래서 나는 종종 이렇게 말씀드립니다.

"상황을 보지 말고, 마음을 보셔야 합니다."

아이에게 부정적인 분노의 마음이 올라올 때 스스로에게 이렇게 말해보면 좋습니다.

"너 또 왔구나. 하지만 이번에는 이 마음을 받아주지 않을 거야."

우리는 이 싸움을 몇 년이고 반복해야 합니다. 물론 글로는 한두 문장이지만 절대 쉽지 않습니다. 나 역시 누구보다 잘 알고 있습니다. 내 첫째 딸이 그랬기 때문입니다. 몹시 까다로웠고, 정말 키우기 쉽지 않은 아이였습니다. 누가 쳐다봐도 울고 말 걸어도 우는데, 한 번 울기 시작하면 두 시간씩 울었습니다. 고집도 세고, 짜증도 많고, 예민하고, 사소한 것에도 감정이 요동치곤 했습니다. 그런데 둘째 아들은 너무나 순했습니다. 자연스럽게 비교가 되었죠.

그 힘듦의 절정이 4살 무렵이었는데, 한 번은 내가 화를 참지 못해 아이의 엉덩이를 두 대 때린 적이 있습니다. 순간 저도 충격을 받았고 그걸 본 아내도 충격을 받았습니다. 나도 아내도 상담이 직업이고, 이 공부만 10년을 넘게 했던 시기였습니다. 그런데도 판단력이 흐려지니까 감정 제어가 안 되더군요. 문득 지금까지 했던 공부가 다 무슨 소용인가 싶었습니다. 나름 전문가랍시고 부모들을 대상으로 상담하고 심리극 하고 강연하는 나도 그런데 일반 부모들은 오죽하겠습니까.

그날 저녁 나와 아내는 정말 긴 대화를 나눴습니다. 아내는 내 행동은 분명 잘못됐지만 마음 자체는 이해한다고 말해 주었고, 나는 그날 이후 다시는 폭력을 쓰지 않겠다고 다짐했습니다. 오늘의 일을 잊지 않기 위해, 나의 행동과 마음을 되짚었습니다. 마치 심리극을 하듯 마음속에서 '나쁜 마음'과 '착한 마음'을 나누어, 매일 스스로와 대화를 나누었습니다. 그 과정에서 앞으로의 다짐도 함께 정리했습니다. 스스로 이렇게 경계한 이유는 이런 식의 폭력은 한 번 시작하면 반복될 수 있고, 반복되면 더 심해질 수 있기 때문입니다. 동시에 아이를 이해하기 위한 의지의 표현이기도 했습니다. 이게 아이에게 처음이자 마지막으로 폭력을 행사한 경험이었습니다.

물론 이렇게 마음을 다잡고 공부를 한다고 해도 아이를 완전히 이해할 수는 없습니다. 아무리 부모라도 아이의 내면을 온전히 파악한다는 건, 가보지 못한 미지의 세계를 탐험하는 것 만큼이나 어렵고 복잡합니다. 하지만 있는 그대로의 모습을 인정하고 받아들이는 일은 가능합니다.

나는 받아줄 수 있는 부분은 최대한 받아주었고, 무엇보다 온 마음을 다해 사랑했습니다. 울고 짜증 내고 고집부리는 순간이 오면 필요에 따라 훈육하긴 했지만 아이를 사랑한다는 사실 만큼은 잊지 않았습니다. 그렇게 최선을 다하고 시간을 견디다 보면, 아무리 예민하고 고집 센 아이라도 결국 변화하기 마련입니다. 내 아이도 초등학교에 들어갈 무렵에는 또래보다 오히려 더 정서적으로 안정된 아이가 되었습니다. 당연히 지금은 아무런 문제 없이 꽤 나이스한 어른으로 자랐다고 생각합니다.

다만 이런 경험이 있기 때문에 이이를 키운다는 것이, 화와 분노에 잠식되지 않고 매 순간 마음과 싸워 이기는 것이 얼마나 고된지 나는 압니다. 그럼에도 우리는 해야만 합니다. 부모의 하루하루가 아이의 인생을 만들어 가기 때문입니다.

부모도 사람이기 때문에 더 예쁘게 느껴지는 아이가 있을 수 있습니다. 어떤 아이에게 더 마음이 기울 수도 있습니다. 그러나 그 차이를 아이가 알게 해서는 안 됩니다. "왜 엄마는 언니만 예뻐해?"라는 말이 나온다면 그 순간은 이유를 막론하고 무조건 부모가 잘못한 것입니다. 많은 부모가 "내가 언제 그랬어!"라며 손사래 치지만, 아이가 그렇게 느꼈다면 이미 균형이 무너졌다고 해도 과언이 아닙니다. 그럴 때는 "네가 그렇게 느꼈다면 엄마가 미안해. 우리 딸 속상했겠다."라는 식으로 먼저 마음을 만져줘야 합니다. 그다음 분명하게 확실하게 말해 줄 필요가 있습니다.

"엄마는 언니를 더 예뻐하지 않아. 언니는 언니라서 사랑하고,
○○는 ○○라서 사랑해."

이런 식으로 누구를 더 좋아한다는 식의 비교가 아니라 관계로 사랑을 설명해 주어야 합니다. 둘 이상의 아이를 키우는 일은 그래서 더 어렵습니다. 한쪽으로 기울지 않으려는 의식적 노력도 필요하고, 중도를 지켜내기 위한 부모의 인내도 수반되어야 합니다.

무엇보다 중요한 것은 부모의 마음이 바로 서 있어야 합니다. 그런 가정에서는 어떤 아이도 버려지지 않습니다. 시간이 걸릴지는 몰라도, 사랑은 절대 헛되지 않습니다.

2

심리극 사례 8 - 공감의 결여가 낳은 자해와 고립

선택받지 못한 아이

이번 사례에서 아이의 문제를 가장 먼저 알아챈 사람은 고모였습니다. 초등학교 6학년이었던 아이는 부모와 사이가 좋지 않아 고모와 이야기를 자주 나눴는데, 그때마다 "엄마 아빠가 동생만 좋아하고 나는 싫어한다"라는 말을 반복했다고 합니다. 고모는 이 문제를 오빠(아이의 아버지)에게 몇 차례 전달했지만, 전혀 심각성을 느끼지 못했습니다.

사실 이 정도에서 그쳤다면 상담까지 오지 않았을지도 모릅니다. 그런데 어느 날 고모가 아이와 시간을 보내다가 자해 흔적을 발견한 것이 결정적 계기였습니다. 상담을 하면서 나도 아이의 팔을 보았는데, 아래팔 전체에 촘촘하게 남아 있는 검은 선들은 몇 년 이상 지속된 자해의 흔적이었습니다. 고모는 부모에게 이 사실을 다시 이야기했지만 두 사람의 반응은 무덤덤했습니다. 고모 역시 상담 분야에 종사하는 분이었기에 이 상황을 더욱 심각하게 받아들였습니다. '이 대로면 아이가 극단적인 선택까지 갈 수 있다'는 위기감에 결국 나에게 연락했고, 아이와 부모, 고모까지 함께 상담실을 찾게 되었습니다.

이야기를 들어보니 첫째와 둘째는 두 살 차이인데, 둘째는 학업 성적도 좋고 친구 관계도 원만해서 부모가 보기에 '문제없고 편한 아이'였습니다. 반면 첫째는 성적도 그리 좋지 않고 소심해서 자연스레 비교가 되었던 듯했습니다. 그렇다고 해도 아이의 이야기를 들어보니 차별이 노골적이었다는 것은 분명했습니다.

아이는 초등학교에 입학할 무렵부터 부모가 자신을 사랑하지 않는다고 느껴왔다고 했습니다. 외식을 하면 메뉴는 항상 동생 기준, 다툼이 생기면 혼나는 건 늘 본인. 그러면서 아이에게 하는 말은 늘 "네가 좀 이해해"였습니다. 한 번은 칭찬받고 싶은 마음에 열심히 공부해서 시험에서 90점을 맞은 적이 있었다고 합니다. 신나게 뛰어가 엄마에게 보여줬는데, 돌아온 대답은 이랬습니다.

"다른 애들도 다 이 정도는 해."

'나는 어떻게 해도 인정받지 못하는구나.' 이렇게 마음이 굳어가면서 아이는 공부에서 더 멀어지게 되었고, 가족 안에서도 점점 겉돌

게 되었습니다.

> **김** : 혹시 이런 속상한 마음을 엄마 아빠에게 말한 적도 있어?
>
> **딸** : 네. 3학년 때요. 동생만 챙기지 말고 나도 좀 챙겨줬으면
>
> 좋겠다고 말했어요. 열심히 하면 칭찬해달라고도 했고요.
>
> **김** : 그랬더니 엄마 아빠가 뭐라고 하셨어?
>
> **딸** : (울먹이며) 동생 반만이라도 해보래요…

감당하지 못하는 불안이 보내는 신호, 자해

그때부터 아이는 마음의 문을 완전히 닫아버린 것 같았습니다. 아이는 가족이라는 세계에서 홀로 고립된 섬과 같았고, 이것이 결국 자해로 이어지는 계기가 되었습니다. 처음에는 인터넷에서 자해 관련 글을 우연히 보고 관심을 가졌다가, 관련 채팅방에 연결되었다고 합니다. 그곳에서 방법도 알려줬을 뿐 아니라 사람들이 하나같이 '처음엔 무섭지만, 하다 보면 불안이 사라진다'라고 말했다고 합니다. 그렇게 아이는 첫 자해를 시작했습니다. 초등학교 4학년을 막 지날 무렵이었습니다. 일주일에 한 번 정도 볼펜으로 시도하던 자해는 이제는 날이 무딘 커터칼을 사용했고, 하루에 4~5번씩 반복하기도 했습니다. 아이는 그 순간을 "엄청 짜릿하다"고 표현했습니다. 불안이 사라지는 느낌 때문입니다.

자해는 대부분 불안감이 올라올 때 시작됩니다. 순간의 불안을 잊기 위해, 자신을 해침으로써 통제감을 되찾는 것이죠. 그런데 그 불안을 인지하는 아이도 있고, 인지하지 못하는 아이도 있습니다. 후자의 경우가 훨씬 위험합니다.

프로이드는 불안에 대해 '다가올 위험에 대한 신호'라고 정의했습니다. 예를 들어 시험을 망쳤는데 성적표가 나오면 어떤 마음이 들까요? 이걸 부모님께 보여드리면 혼날까 봐 불안하겠죠. 마음이 '이제 위험한 일이 생길 거야, 대비해'라고 일종의 경고를 보내는 겁니다.

그런데 어떤 사람은 지금 느끼는 감정이 불안이라는 것조차 모릅니다. 불안을 인식하는 사람은 그 상황이 해결되면 안정을 되찾습니다. 이를테면 망친 시험 성적표를 보여드렸는데 의외로 혼내지 않고, "우리 아들 이번 결과는 좀 아쉽네. 괜찮아. 다음에는 더 노력해보자." 이런 반응을 보이면 그때부터 불안은 온데간데없이 사라지지요. 그런데 불안하면서도 그 불안을 인지하지 못하면, 이유도 모른 채 계속 불안합니다. 마음속을 둥둥 떠다니는 만성적 불안은 점점 일상을 잠식합니다. 그런 경우 자해는 그 불안을 잠시 잊게 해주는 행위가 됩니다. 이 아이도 그랬습니다. 아마 자해를 시작하기 전부터 자신이 불안하다는 일종의 신호를 보냈을 겁니다. 하지만 아무도 그 신호를 알아주지 않았고 그게 결국 여기까지 이어져 온 것입니다.

김 : 어머니, 아버지 이거 심각성이 느껴지지 않으세요?

어 : 선생님. 얘기해 봤죠. 그런데 안 되는 걸 저희가 어떻게 해요.

김 : 아이가 부모님에게 사랑받지 못한다고 느끼는 마음이 매우 큰 것 같은데요?

어 : 동생을 더 예뻐한 건 맞아요. 근데 둘째는 잘하거든요. 큰 애는 어느 순간부터 삐딱하게 굴었어요. 저나 남편이나 둘째가 다 거실에 있을 때도 혼자 방에 있고 그러니까 더 그렇게 된 게 아닌가 싶어요. 그리고 사실 제가 딱히 칭찬을 잘 하고 이런 스타일도 아니에요. 괜히 혼자 저러는 거지…

이런저런 대화를 나눠보니 이 부모는 둘 다 다른 사람의 마음을 읽거나 공감·소통하는 능력이 매우 부족해 보였습니다. 부부간에도 그냥 딱 할 얘기만 한다고 합니다. 대화를 하면 서로 부딪히고, 에너지도 많이 소비하는 것 같아서 이제는 그냥 필요할 때 카카오톡을 주고받는다고 하더군요. 추정이지만 이마 둘째 아이에게도 딱히 폭풍 칭찬을 퍼붓는다거나 하는 타입은 아닌 것 같았습니다. 둘째는 '살아남으려면 이렇게 해야겠구나' 싶어, 눈치 빠르게 행동했을 가능성이 큽니다. 첫째에 비해 생존 본능이 더 발달했다고 보아야겠지요.

두 분의 성장 과정도 여쭤보았는데, 공교롭게도 두 사람 모두 칭찬이나 다정함이 없는 환경에서 자랐다는 공통점이 있었습니다. 부모님이 모든 형제에게 똑같이 무뚝뚝했고, 생계를 꾸리느라 바빠서 아이들에게 특별한 관심도 주지 못했습니다. 이에 대해 딱히 불만도 없었고, 원래 다 그렇게 크는 것이라고 생각하고 있었습니다. 자신들의 성장 과정에 대해 특별히 좋을 것도 없었지만 나쁘지도 않았다고 말했습니다. 주위 친구들도 대부분 비슷했다고 합니다. 그러니 이들은 다른 양육 방식을 경험하지도 못했고, 생각해 본 적도 없었습니다. 자신이 받은 양육 방식을 아이에게 그대로 적용할 뿐이었습니다. 그래서 이들은 스스로를 좋은 부모라고 생각하지는 않았지만, 그렇다고 아이에게 큰 잘못을 저지른 것도 아니라고 여기고 있었습니다.

'둘째가 잘하니 칭찬했고, 첫째는 그럴 계기가 없었다. 그렇다고 첫째를 크게 혼내거나 때리지도 않았다. 우리가 대체 뭘 그렇게 잘못했냐.'

이것이 이 부모의 기본 입장이었습니다.

김 : 하지만 지금 아이는 자해까지 하고 있습니다. 부모님보다 고모가 더 걱정하고 있어요. 두 분이 양육에 문제가 없다고 생각하신다면… 오늘 이 자리에 왜 오셨나요?

버 : 얘기를 들어보니 걱정됩니다. 상담을 통해 치유가 되면 좋겠어요.

어 : 저는 그냥 아가씨(아이의 고모)가 오라고 해서 왔어요. 상담

비도 보내놨다고 하고… 그런데 이거 몇 시에 끝나나요?

그 순간 아이의 표정에 드러났던 감정을 나는 아직 기억하고 있습니다. 그것은 오롯한 절망이었습니다. '엄마는 역시 나에게 관심이 없구나, 아무것두 바뀌지 않겠구나.' 하는 마음이 그대로 묻어나왔습니다. 나 역시 비슷한 생각이 들었습니다. '이 어머니는 변하지 않겠구나.'

김 : 어머니 바쁘면 그냥 가셔도 됩니다. 가족 상담에서 가장 중

요한 건 '의지'입니다. 의지가 없으면 자리에 있어도 도움

이 되지 않습니다. 만약 가신다면 부모 상담보다 아이 위주

로 진행하겠습니다.

어머니는 가타부타 별다른 반응을 보이지 않았고, 나는 우선 아이에게 집중하기로 마음먹었습니다.

끝내 마음의 문을 열지 못한 부모 – 그리고 남은 질문들

지금 급선무는 아이의 자해를 멈추게 하는 일이었습니다. 나는 아이가 스스로 자신의 마음을 바라보게 하는 방식으로 대화를 열었습니다.

김 : 선생님이 지금부터 '너의 마음'이 돼서 말해볼게. 이 마음
이 너 안에 있는지 잘 생각해봐, 알았지?
(마음) 불안할 때는 자해가 제일 좋아. 지금까지 이 방법이
가장 빨리 마음을 편하게 해줬잖아. 선생님이나 부모님에
게 얘기해도 아무것도 달라진 게 없잖아. 그러니까 불안하
면 칼을 가져와서 손목을 긋자. 그러면 괜찮아지잖아. 계속
이렇게 하면 돼.
어때? 너한테 이런 마음이 있니?
딸 : 있어요. 진짜 선생님이 제 마음이 돼서 말한 것 같았어요.

대화를 듣던 어머니는 여전히 무표정한 모습이었지만, 아버지는
처음으로 충격을 받은 눈치였습니다.

김 : 아버님, 아이 마음이 이렇다고 하는데 어떠세요?
버 : …이 정도일 줄은 몰랐습니다. 이런 마음 때문에 자해한 거
라고는 생각도 못 했어요.
김 : 어머님은요?
어 : 안 하면 좋죠 뭐. 지금이라도 상담해서 안 하면 되죠.

어머니는 끝까지 아이의 마음 안으로 들어가지 못하는 것 같았
습니다. 나는 다시 아이에게 말했습니다.

김 : 그런데 선생님은 너 안에 '자해를 멈추고 싶은 마음'도 있

다고 생각해. 이번에는 그 마음을 만나볼래?

(마음) 자해보다 훨씬 더 좋은 방법이 있어. 너의 마음을 엄

마 아빠에게 솔직하게 말하면…

그런데 이때, 내 말이 끝나기도 전에 아이의 감정이 터져버리고 말았습니다.

딸 : 안 될 거예요! 해봤어요!! 그런데도 소용 없었어요! 제가 울

면서도 말했고요! (엄마 아빠를 보며) 내가 자해해서 피 흘리

는 것도 봤는데 그냥 닦으라고 했잖아!!

그간의 슬픔과 절망이 한꺼번에 올라오는 것 같았습니다. 아이는 울면서 소리쳤고, 고모가 달려와 함께 울면서 아이를 안아주었습니다. 이런데도 엄마와 아빠는 별다른 미동조차 보이지 않았습니다. 결국 내가 말했습니다.

"어머님, 아이가 이 정도 얘기하면 손이라도 잡아주시고, 고모

처럼 좀 안아주면 어떨까요?"

여전히 머뭇거리는 부모를 향해 고모도 울면서 외쳤습니다.

"새언니… 애가 이렇게 힘들어하는데 진짜 왜 그래요? 오빠, 부모님이 우리한테 어떻게 했는지 알잖아. 난 그거 너무 싫어서 우리 애들한테는 반대로 해. 근데 둘 다 아이한테 왜 이렇게 냉정하게 대해… 아니 대체 왜 그래!!"

어머니는 깊은 한숨을 내쉬더니 아무 말 없이 일어나 밖으로 나가버렸습니다. 이어서 아버지도 잡아 둔 미팅이 있다며 가야 한다고 합니다. 처음부터 한 시간만 내면 된다고 해서 왔다는 겁니다.

> 김 : 꼭 가셔야 합니까? 지금 상황이 심각하니까 중요한 약속이 아니면 취소하면 어떨까요? 어머님께도 연락해서 다시 들어오시라고 하고요.
>
> 버 : 아내가 전화를 안 받네요. 저도 있고 싶지만 꼭 가야 합니다.

아버지는 그렇게 가버렸고, 어머니도 결국 돌아오지 않았습니다. 이제 상담실에는 아이와 고모만 덩그러니 남았습니다. 이런 상황에서 아이 혼자 상담을 이어가는 건 불가능했습니다.

> 김 : 선생님이 보니까 네가 얼마나 힘들었을지 알겠다. 고작 한 시간 만났는데도 네 마음을 알겠는데, 초등학교 때부터 지금까지 이런 마음으로 살아야 했던 너는 오죽했겠니… 네가

이렇게도 해보고 저렇게도 해봤지만 안 되는 게 느껴졌어.

딸 : 저는 고모가 엄마 같아요. 엄마가 고모처럼 해주면 좋겠는
데… 이제는 기대도 안 해요. 아빠도 마찬가지고.

아이는 기대하지 않는다고 말하지만, 그 마음을 왜 모르겠습니까. 지혜는 불안을 잠시 지우기 위한 행동이기도 하지만, 동시에 '나를 좀 봐달라'는 절박한 외침이기도 합니다. 그런데 부모는 단 한 번도 그 신호를 알아주지 않았던 것입니다. 나는 문득 이 아이가 극단적 시도를 하지는 않을지 걱정되었습니다. 사실 자해는 극단적 선택의 전조이기도 합니다. 처음에는 감정을 조절하기 위한 '자기 진정 행동'으로 시작되지만, 반복되면 상처의 깊이나 도구 사용이 점차 위험해지고, 통증·두려움·경계가 모두 둔해집니다. 이런 상태에서는 작은 충동이 더 큰 행동으로 이어질 가능성이 높습니다. 실제로 자해를 하던 아이가 극단적 선택을 시도하는 사례를 임상에서 자주 보게 됩니다. 자해하면 반드시 자살로 간다는 식의 단순 인과관계는 아니지만 일정 패턴과 위험군이 명확히 존재하는 것이죠.

조심스럽게 물어보니 아이는 잠시 머뭇거리다 옥상에 올라간 적이 있었다고 합니다. 겁이 나서 내려오긴 했지만, 한참 동안 아래를 내려다보았다고 말했습니다. 죽고 싶다는 생각 자체는 누구나 할 수 있지만 시도는 쉽지 않습니다. 옥상에 올라가기까지 했다면 그 자체로 위험신호라고 보아야 합니다. 그렇게 올라갔다가 충동적으로 뛰어

내리거나 실수로 떨어지는 경우가 적지 않습니다. 그러다 진짜 죽는 경우도 많고, 크게 다치기도 합니다. 그런 만큼 이 정도면 임박해 있다고 보아야 합니다.

이렇게 넘어가서는 안 된다고 판단했기에 나는 고모에게 아이의 입원 치료를 권했습니다. 보통 청소년들의 입원 치료를 부정적으로 생각하는 경향이 있습니다. 하지만 지금 이 아이에게 등교나 공부가 중요한 문제는 아니었습니다. 무엇보다 자해를 멈추게 하고, 극단적 시도를 막아야 했습니다.

고모는 곧바로 아버지에게 연락했고, 아버지로부터 입원을 알아보겠다는 답을 받았습니다. 그리고 아내를 설득해서 가능하면 다시 상담을 받겠다고도 했습니다. 나 역시 기회가 된다면 아이를 다시 만나 꼭 상담을 이어가고 싶었습니다. 직접 만나지는 못했지만 둘째 아이 역시 마음 어딘가에 강박이나 불안이 숨어 있지 않을까 하는 걱정도 있었습니다. 겉으로는 잘하는 아이처럼 보이지만, 그 안에는 '이렇게 해야만 사랑받을 수 있다'는 긴장 상태가 자리하고 있을 가능성이 높았습니다.

이후 고모로부터 아이가 입원했다는 소식까지는 들었지만, 끝내 사후 상담은 이루어지지 않았습니다. 아마 어머니를 설득하지 못했을 것입니다. 사실 이 경우는 부모가 모두 상담 과정에 들어오지 않으면 의미가 없습니다. 고모도 그걸 알았기 때문에 연락하지 않았겠지요.

이 케이스를 떠올리면 지금도 여러모로 답답한 마음이 있습니다. 편애를 떠나, 이 부모의 정서적 공감 능력은 거의 '제로'에 가까웠습니다. 분명 이 부모가 가진 상처도 결코 가볍지는 않을 겁니다. 감정 표현 없이, 칭찬 없이, 누군가와 마음을 나누지도 못한 채 어른이 되었으니, 자신의 마음과 정서를 돌볼 기회조차 없었을 겁니다. 자기 마음에 들어가지 못하는 사람이 아이의 마음에 들어갈 수는 없는 노릇입니다.

나는 그때 아이가 지었던 그 절망의 표정이 좀처럼 잊히지 않습니다. 아이가 보낸 절박한 신호와 끝내 닿지 못한 부모의 마음에 대해 생각해 봅니다. 그 사이의 깊고 차가운 간극을 나는 지금도 선연하게 기억하고 있습니다.

3

마음 만나기

나의 어린 시절 돌아보기

· 나의 성장기에서 불공평함·차별·편애를 느꼈던 순간이 있었나요?
그때의 장면을 장소·상황·부모의 말투·내 감정·몸의 느낌까지 떠올
려 적어보세요.

____

____

· 그때의 '어린 나'가 부모에게 하고 싶었지만 하지 못한 말이 있다면
적어보세요.

____

____

· 나는 어느 순간 아이들을 다르게 대하고 있는 느낌이 들 때가 있나요? 그 상황을 그대로 적어보세요.

· 아이를 다르게 대했을 때를 돌아보면 어떤 감정이 올라왔나요?

· 내가 자주 쓰는 '비교의 말', '기대의 말', '차별적 말투' 세 가지를 적고, 긱각을 아이의 마음을 살리는 말로 바꿔 적어보세요.

예시) 동생 좀 본받아봐 → 너는 너만의 속도로 할 수 있어.
　　 "항상 네가 문제야" → 지금 뭐가 어려웠는지 같이 보자.

· 나는 어떤 상황에서 특정 아이에게 더 실망하거나 더 기대하나요?

· 그 감정은 어디서 왔을까요?

아이의 목소리 듣기

아이에게 물어보세요. 아이의 답을 그대로 적어보세요.(맏이부터 막내까지 각각)

"엄마/아빠가 다른 형제들과 너를 불공평하게 대하고 있다고 생각해? 혹은 비교당하거나 덜 사랑받는다고 느낀 적이 있어?"

“그때 어떤 기분이 들었어?”

실천하기

· 내가 특정 아이에게 더 기대하거나, 더 실망하거나, 혹은 더 무심해지는 상황을 적고 각 상황에서 즉시 할 멈춤 행동 한 가지를 정해보세요. 그리고 한 달간 꾸준히 실천하세요.

예시) 상황: 아이 성적이 떨어졌을 때
    내 마음: 실망·불안
    멈춤 행동: 5초 멈추고 "지금 어떤 마음이야?" 먼저 묻기
    상황: 형제끼리 다툴 때
    내 마음: 귀찮음·조급함
    멈춤 행동: '누가 잘했나' 판단 멈추고 두 아이 감정 먼저 듣기

덧붙여 앞으로 한 달간 아이들을 다르게 대하는 순간은 없었는지 스스로를 잘 관찰해 보세요.

한 달 후 점검하기

· 지난 한 달간 아이들을 다르게 대하는 나의 습관이 있었나요? 어떤 장면들이 가장 자주 눈에 띄었나요?

예시) 나도 모르게 말 잘 듣는 아이에게 먼저 말을 걸었다.

칭찬이 늘 한쪽으로만 갔다.
문제 상황에서 '누가 잘했나'부터 판단하려 했다.

· 지난 한 달 동안 내가 비교하는 말이나 행동을 한 적이 있는지 아이들에게 직접 물어보고, 맏이부터 막내까지 각각의 답을 적어보세요.

· 비교하거나 차별적으로 대하려는 마음이 올라왔던 그 순간, 그 마음

의 바닥에는 어떤 감정이 있었나요?

예시) 기대, 실망, 피로감, 더 수월하게 키우고 싶은 욕구,
     공평하게 하고 싶은데 잘 안 되는 무력감 등

· 한 달간 노력하는 과정에서 가장 어려웠던 부분은 무엇이었나요?

예시) 어느 아이에게 먼저 반응해야 할지 망설임
     익숙하게 편한 아이에게 먼저 가는 습관
     무의식적으로 튀어나오는 불공평한 말투
     감정적으로 지쳐 "너희끼리 해결해" 하고 싶었던 순간

· 그럼에도 불구하고 발견한 나의 변화가 있었나요?

예시) 아이의 속상함을 더 빨리 알아차렸다.
　　　비교 대신 "네 마음이 어땠어?"라고 물어보는 횟수가 늘었다.
　　　편애하려는 마음을 스스로 알아차리고 멈출 수 있었다.
　　　앞으로의 마음과 지속 가능한 결심

· 앞으로의 결심과 지속 가능한 실천 방안을 구체적으로 적어보세요.

예시) 나는 이제 아이 한 명 한 명을 별도의 존재로 바라보는 부모가 되고 싶다.
　　　누구를 기준으로 비교하기보다 각자의 속도와 성향을 존중해주고 싶다.
　　　그래서 다음 한 달 동안은 아이 각각과 하루 3분씩 1:1 대화를 지키겠다.

CASE. 6

통제의 사슬

1

통제가 무너뜨리는 것들

통제하는 부모들의 몇 가지 특징

통제라고 하면 앞에서 다루었던 조건부 사랑과 비슷하다고 생각할지도 모르겠습니다. 하지만 이 둘은 분명한 차이가 있습니다. 조건부 사랑은 말 그대로 '부모가 원하는 조건'을 충족하면 그 순간만큼은 무사합니다. 성적이 오르거나 성실함을 유지하면 칭찬을 받고, 그렇지 않으면 실망을 마주하는 식이죠. 물론 이것만으로도 아이는 충분히 지칩니다.

'통제'는 이보다 더 강한 압박에 가깝습니다. 성적만의 문제가 아니라 삶 전체를 부모가 원하는 방향으로 고정시키는 구조입니다. 아이의 생활방식, 친구 관계, 취미, 말투, 시간표까지 부모가 정해 놓은 틀 안에서 움직여야 합니다. 부모는 머릿속에 자신이 추구하는 '이상적인 아이의 디자인'을 이미 가지고 있고, 그 도안에 아이가 정확히 맞아떨어지길 원합니다.

왜 이렇게까지 틀에 맞추려 할까요? 내가 많은 부모를 만나면서 느낀 공통적인 몇 가지 이유가 있었습니다. 우선 자신이 이루지 못한 꿈을 아이에게서라도 완성하고 싶은 마음이 대표적이었습니다. '나는 못 했지만 너는 해야 한다'는 인식 뒤에는 부모 자신의 상처가 자리하고 있습니다.

두 번째로 실패에 대한 깊은 두려움입니다. 아이의 작은 흔들림이나 시행착오도 견디지 못하고, 그것을 '큰일의 신호'처럼 해석합니다. 부모에게 '한 번 삐끗하면 끝난다'는 불안이 너무 크게 자리하고 있기에 아이의 자연스러운 성장 과정을 받아들이지 못합니다. 아이의 일정을 세세하게 관리하면 위험을 막을 수 있을 것 같고, 실패를 예방할 수 있을 거라고 확신합니다. 하지만 이것은 부모 자신의 불안을 잠시 덮어두는 방식일 뿐, 아이의 자율성과 자신감은 그만큼 줄어듭니다.

마지막으로 정답은 하나뿐이라는 강한 고정관념이 작동하기도 합니다. 아이를 통제하는 부모는 내부분 그렇게 자라 왔습니다. 자신이 살아온 방식, 자신이 성공했다고 믿는 방식이 유일한 길이라고 확신합니다. 자율성을 존중받으면서 자랐고, 그런 방식의 삶이 좋았다고 생각한 부모가 아이를 통제하는 경우는 없습니다. 그래서 아이의 개성을 인정하지 못하고, 아이가 조금만 다른 방향으로 가도 견디지 못합니다.

어떤 경우에 속하든 간에 부모는 스스로 '나는 자식을 잘 키우려고 했을 뿐'이라고 생각합니다. 아이들이 오히려 나중에는 고마워할 거라고 믿습니다. 그러나 의도와는 무관하게, 통제는 아이가 자신의 삶을 살 기회를 빼앗고 부모의 그림자 속에 머물게 합니다.

가득 찬 하루, 숨 쉴 틈 없는 아이

통제하는 부모는 아이를 가만히 두지 않습니다. 지금 무엇을 해야 하는지, 다음에는 어떤 준비를 해야 하는지 순간순간 지시가 이어집니다. 학원에서 몇 시에 끝났는지, 집에 몇 시에 도착해야 하는지, 친구와의 대화나 휴식조차 부모의 기준에 따라 제한됩니다.

아침에 눈 뜨는 순간부터 잠드는 순간까지 아이의 하루는 촘촘한 스케줄로 채워져 있고, 아이는 '지금 뭐 해야 하지?'만 반복하며 움직입니다. 자연스레 아이의 속도와 욕구는 배제됩니다. 요즘 학원가를 다녀보면 그야말로 진풍경이 벌어지죠. 엄마가 김밥을 사 들고 기다리고 있습니다. 학원을 마치고 나온 아이에게 펼치며 복도 의자나 차 안에서 먹입니다. 얼른 다음 학원을 가야 하기 때문이죠. 급하게 김밥을 먹는 아이에게 엄마는 오늘 수업에 대해 계속 묻습니다.

그러면서도 그게 통제라고 인식조차 하지 못합니다. 자신이 괜찮았으니 혹은 괜찮다고 믿고 있으니, 아이도 괜찮을 것이라 생각하는 겁니다. 하지만 누구도 그런 강도 높은 압박을 버티며 건강한 자아를 형성할 수 없습니다. 그저 겉으로 티가 나지 않을 뿐입니다.

물론 잘 따르는 아이도 있겠죠. 하지만 아이가 '잘 따른다'는 것은 단순한 복종입니다. 마치 공을 계속 손으로 누르고 있는 것과 같지요. 이 압력이 계속되면 결국 터져버리거나 튕겨 나갑니다. 통제의 말로는 대부분 이 둘 중 하나입니다.

이런 일이 발생하지 않도록 부모가 스스로 양육 태도를 점검하고 자신을 객관적으로 들여다본다면 가장 좋겠죠. 하지만 통제 성향이 강한 부모들에게는 이 과정 자체가 쉽지 않습니다. 통제는 대개 '사랑'이라는 이름으로 위장되어 있기 때문에 본인이 그 안에 있다는 사실을 깨닫기 어렵습니다.

그래서 부모가 스스로 자신은 문제가 없다고 단정 짓기 전에 아이가 보내는 신호를 먼저 살펴보기를 권합니다. 아이는 표정이 사라지지는 않았는지, 친구 관계는 괜찮은지, 작은 실수에 과하게 흥분하거나, 반대로 모든 일에 무기력한 반응을 보이지는 않는지 관찰해야 합니다. 그런 신호는 조금씩이지만 켜켜이 쌓입니다.

덧붙여 지금 무엇이 가장 힘든지, 최근에 하는 고민은 무엇인지, 지금 아이가 행복한지 자주 물어보아야 한다고 생각합니다. 부모가 그 질문을 건네는 순간, 아이는 자신의 마음을 꺼낼 작은 틈을 발견하게 될지도 모릅니다. 그 작은 틈이 통제에서 관계로, 억압에서 회복으로 넘어가는 시작점이 될 수 있습니다.

이런 억압의 신호를 일찍 발견하지 못해, 오랫동안 눌려 있던 감정이 터지고 결국 심각한 문제 행동으로 이어진 사례를 무수히 보았습니다. 어떤 청년은 스무 살 무렵부터 알코올에 의존하기 시작해 술이 없으면 하루도 버티지 못했습니다. 또 금지된 약물에 손을 댄 친구도 있었고, 겉으로는 전혀 문제 없어 보이지만 술만 마시면 부모 집으로 들어가 칼을 들고 난동을 부리는 사람도 있었습니다. 평소에는 '부모니까 그러면 안 돼'라는 마음으로 자신을 꽉 묶어두고 살아갑니다. 마치 마음속에 갑옷을 두른 것과 같지요. 하지만 술이나 극심한 스트레스 같은 특정한 계기 앞에서 순간적으로 무장 해제됩니다. 그동안 표현하지 못했던 분노와 억눌림이 한꺼번에 터져 나오면서 부모는 물론이고 자신도 감당하지 못하는 폭발로 이어집니다.

예전에 만났던 한 부모의 사례도 잊히지 않습니다. 약사였던 어머니는 원래 의사가 목표였습니다. 그렇게 해소되지 못한 갈망은 뒤틀린 욕망이 되어 자녀에게 고스란히 투영됐습니다. 아이의 모든 시간을 촘촘하게 관리하며 성장 과정을 전부 손바닥에서 움직이게 했습니다. 결국 그 아이는 어머니의 바람대로 의사가 되었습니다. 하지만 정작 의사가 된 그 친구의 휴대폰에 어머니는 '쌍년'이라고 저장되어 있습니다. 이것을 과연 성공이라고 할 수 있을까요? 부모에게도, 자식에게도 너무 잔혹한 결말은 아닐까요?

과한 통제가 아이에게 미치는 영향은 상담 현장에서만 느끼는 체감이 아닙니다. 발달심리학·가족치료 연구에서도 과통제가 정서·행동·자아 형성 전반을 약화시킨다는 결과가 꾸준히 보고되고 있습니다.

감정 표현이 줄고, 자기조절 기능이 충분히 발달하지 못하며, 실수나 평가에 과도하게 민감해지고, 관계에서도 조건과 불안이 반복됩니다. '부모가 원하는 나'가 실제 나보다 앞서게 되어 자아 형성이 흔들리는 결과로 이어집니다. 스스로 바로 서지 못하고 타인과 관계도 제대로 맺을 수 없다는 건, 한 사람의 삶 전체가 기초부터 흔들린다는 뜻입니다. 그런 이가 이 사회를 제대로 살아갈 리 없습니다. 이것이 바로 통제가 남기는 가장 큰 부작용입니다.

통제와 방치 사이

"그러면 아이가 공부를 하건 말건, 그냥 두고 보란 말이냐?"

이런 질문을 하는 분도 있는데요, 당연히 절대 그렇지 않습니다. 아이에게는 제한과 구조가 필요히고, 부모의 석절한 개입도 반드시 필요합니다. 문제는 우리가 흔히 '통제냐, 방치냐'라는 양극단만 떠올린다는 점입니다. 통제와 방치 그 사이에 부모가 충분히 선택할 수 있는 넓은 영역이 존재합니다. 나는 이것을 '건강한 개입'이라고 부릅니다.

통제하지 않으면서도 아이의 공부와 성장을 도울 수 있는 방식은 분명히 있습니다. 그 핵심은 아이의 점수나 결과가 아니라 과정과 경험을 함께 살피는 태도에 있습니다.

"몇 점 받았어?"라는 질문 대신 "어디가 어렵게 느껴졌어?", "이 번에는 어떤 방식이 잘 맞았어?"처럼 아이가 스스로 느낀 점을 말할 수 있게 도와줄 수 있습니다. 점수 중심의 언어가 사라지는 순간, 아이는 부모 앞에서 훨씬 안정되고 편안해집니다. 또 부모가 시간표를 대신 짜주기보다 방향만 제안하고 선택은 아이에게 맡기는 것도 필요합니다. 이런 작은 선택권 하나가 아이의 자율성을 자라게 하고, 자기조절 능력을 키우는 밑거름이 됩니다.

아이를 통제하면서 키워야 성공할 수 있을 거라고 생각하는 부모들이 너무 많습니다. 하지만 성공의 확률은 오히려 더 낮습니다. 설령 그렇게 해서 소위 명문대를 가고, 돈 많이 버는 직업을 가진다 하더라도 그 마음이 괜찮을지 따져보아야 합니다. 통제의 교육으로 그 길을 걸어 내면 마음의 균형이 반드시 한쪽으로 기울게 됩니다. 겉으로는 반듯해 보이더라도, 안쪽에서는 늘 흔들리는 세계를 안고 살아가게 됩니다.

게다가 예전엔 어땠을지 몰라도 이제는 부모의 통제가 아이의 삶을 움직이는 시대가 아닙니다. 지금의 아이들은 과거와 전혀 다른 환경 속에서 자랄 뿐 아니라, 스스로 선택하고 판단하는 힘을 기르는 것이 훨씬 더 중요해졌습니다. 그렇기에 '이 길로 가야 해'라고 정해 놓고 끌고 가려는 마음은 그저 부모의 강박에서 비롯된 행동일 뿐입니다. 그리고 많은 경우, 그 강박의 뿌리는 아이의 능력 부족이 아니라 부모 마음속 깊은 두려움입니다.

'내가 원하는 미래는 아이의 것인가, 내 것인가', '아이의 실패가
왜 이렇게 두려운가', '나는 어떤 방식으로 자라왔는가'

이 질문을 스스로에게 던지지 않으면 통제는 줄어들지 않습니다. 부모는 아이가 스스로 성장할 수 있게 다양한 경험을 건네고, 필요한 순간에 든든한 울타리가 되어주면 그것으로 족합니다. 부모가 한 걸음 물러서야만 아이의 마음은 비로소 앞으로 걸어갈 공간을 얻게 됩니다. 아이들에게는 여백이 필요합니다.

2

심리극 사례 9 – 불안의 대물림, 술로 이어진 상처

나는 거의 매년 한국 AA Alcoholics Anonymous 정기 모임에 심리극 강연자로 참석합니다. AA는 술로 인해 삶이 무너진 사람들이 익명으로 모여 자신의 경험을 나누고 금주와 회복을 돕는 비영리 자조 모임입니다. 한국에서는 '익명의 알코올중독자 모임'이라고 부르죠. 보통 1년에 한 번 열리는 전국 정기 모임에서는 각자가 술로 무너졌던 시간과, 그 이후 어떻게 회복해 가고 있는지를 나눕니다. 단순한 금주 모임이 아니라, '술이 아닌 삶'을 다시 세워가는 회복 공동체입니다.

사실 알코올 중독은 한 개인의 직업, 명예, 인간관계, 경제적 기반을 파탄에 가까울 정도로 망가뜨립니다. 그 과정에서 가족 구성원 모두가 깊은 상처를 입기 마련이죠. '이혼숙려캠프'에서 만난 분들 중에서도 한쪽의 알코올 중독 문제로 가정이 파탄 나면서 이혼을 생각하는 경우가 많을 정도입니다. 그래서 알코올 중독 문제는 본인이 술의 유혹을 이기고 삶을 재건하는 것도 중요하지만, 가족의 상처 치유도 매우 중요합니다. AA는 개인뿐 아니라 가족 단위로도 많이 모이는 편이고 나는 보통 가족 심리극을 진행하고 있습니다.

몇 년 전 그 모임에서 내가 심리극 상담을 했던 가족이 있었습니다. 아버지와 어머니 그리고 고등학생 딸이었는데요, 당시 아버지는 중독 문제로 삶이 거의 붕괴되었지만 스스로 이겨내고자 하는 의지가 강해 보였습니다. 2025년에도 같은 모임이 열렸고, 나는 그 가족을 다시 만났습니다. 아버지가 "이제 3년째 단주 중"이라고 말했을 때 진심으로 마음 깊이 기뻤습니다. 그런데 곧 이어진 소식이 너무 충격적이었습니다. 이제 스물한 살 된 딸이 알코올 중독에 빠졌다는 것이었습니다. 그 순간 가슴이 무너지는 듯한 비애감이 밀려왔습니다. '어떻게든 돕고 싶다'는 마음 하나로 이들의 가족 상담을 다시 시작했습니다.

아버지의 중독, 그리고 어머니의 불안이 향한 곳

이 가정의 경우 아버지는 중독으로 이미 오래전에 제대로 된 사회생활을 할 수 없는 상태가 되면서, 어머니가 생계를 책임지고 있었습니다. 아버지는 어머니나 딸을 향해 폭력을 휘두르지는 않았지만, 술에 취하면 집안을 난장판으로 만들며 물건을 부수는 버릇이 있었습니다.

처음엔 남편이 술을 먹는지 감시하기 위해 집안 곳곳에 CCTV를 설치했습니다. 그러나 시간이 지나 남편은 통제할 수 없는 존재라는 사실을 깨달았습니다. 그때부터 어머니의 불안이 방향을 바꾸었습니다. 감시의 초점이 남편에서 딸로 이동한 것입니다. 학교는 몇 시에 끝났는지, 집에 언제 도착했는지, 숙제는 했는지, 공부는 얼마나 했는지 등 딸과 관련한 모든 것을 확인해야 했습니다. 거실은 물론이고 방, 심지어 화장실까지 CCTV가 설치되었습니다.

김 : 마음이 편하지는 않았을 것 같은데… 어땠어요?

딸 : 처음엔 잘 몰랐어요. 근데 어느 순간 집이 지옥 같았어요. 엄마는 불안해서 CCTV를 달았다고 했는데, 그 CCTV 때문에 제가 매분 매초 불안해졌어요.

김 : 그렇게 감시가 심했으면 친구 관계도 문제가 좀 있었을 것 같은데요? 잘 어울려서 놀기도 힘들었을 테고…

딸 : 친구들이 학교 끝나고 같이 놀자고 할 때도 있었어요. 그럴 때마다 저는 늘 집에 가야 한다고 대답했어요. '너는 왜 만날 집에만 가?'라고 묻는데, 뭐라고 대답해야 할지 모르겠더라고요. 집 안 곳곳에 CCTV가 있어서 1분이라도 늦으면 안 된다는 말은 차마 할 수 없었으니까요. 그러다 어느 순간부터 그 누구도 저에게 같이 놀자고 하지 않았어요.

이 친구에게는 그 나이대의 아이들이라면 누구나 하나쯤 가지고 있을 법한, 방과 후 친구들과 떡볶이를 먹으며 수다 떨던 그런 소소한 추억조차 없었습니다. 취미, 관심사, 사춘기의 호기심이 자랄 여지도 없었습니다. 어머니의 감시와 통제 아래 일상의 작은 즐거움들은 모조리 거세당했습니다.

김 : 술은 언제 처음 먹게 되었어요?

딸 : 고2 때요. 그날도 아빠가 술 마시고 집안을 엉망으로 만들고 잠들었는데… 처음으로 궁금했어요. '아빠는 왜 이렇게 술을 마실까?'

이 집에는 늘 술이 있었던 터라 어느 날 딸은 물을 꺼내는 척하며 소주 한 병을 가방에 넣었습니다. 그리고 CCTV에 보이지 않게 책상 아래 공간에 들어가 소주 한 병을 단숨에 다 마셔버렸다고 합니다. 아버지가 그렇게 마시던 모습이 떠올랐다더군요. 소주 한 병을 꿀떡꿀떡 마신 다음 정신을 잃고 쓰러져 버렸습니다.

어머니가 그 장면을 마주했을 때 거실에는 술에 절어 쓰러진 남편이, 방 안에는 술 냄새를 온몸에 풍긴 채 의식을 잃은 딸이 누워 있었습니다. 아마 이 어머니에게는 세상이 발밑으로 꺼지는 듯한 절망이었을 것입니다. 다음 날, 그 밤의 일을 전해 들은 아버지는 무너져 내렸습니다.

"내가 이렇게까지 만들었구나…"

그는 스스로를 탓하며 울었습니다. 그날을 기점으로 마음을 단단히 먹고, 실제로 술을 끊었습니다. 하지만 아이에게는 정반대의 일이 벌어졌습니다. 아버지가 술을 내려놓은 순간부터, 조금씩 술을 붙잡기 시작했던 것이죠. 그리고 어머니의 불안은 그 지점에서 정점을 찍었습니다. 남편을 잃을까 두렵던 마음이, 이제는 딸마저 잃을까 두려운 마음으로 번졌습니다. 그 두려움은 곧 더 강한 감시와 통제로 이어졌습니다.

김 : 처음 술을 마셨을 때 어떤 기분이 들었어요?

딸 : 좋았어요. 술이 맛있어서가 아니라… 그동안 항상 불안했거든요. 심지어 어느 순간부터는 깊이 잠든 적도 없었어요. 잘 때도 늘 불안했으니까요. 그런데 술을 마시고는 아무 생각도 못하고 정신을 잃으니까 그게 너무 좋더라고요.

엄마가 불안해질수록 통제는 더욱 촘촘해졌고, 그 통제는 다시 딸의 불안을 키웠습니다. 결국 아버지의 중독과 어머니의 불안과 딸의 불안이 얽히며 온 가족이 '불안의 순환' 안에 갇히게 되었습니다. 이때 이미 딸은 알코올 중독의 문턱을 넘어선 상태라고 보아야 합니다. 술을 마음의 버팀목으로 삼는 순간, 문제는 '해결'이 아니라 '은폐'

가 됩니다. 고통스러운 기억에서 잠시 벗어나는 듯해도, 상처는 전혀 줄어들지 않고 오히려 더 깊어질 뿐입니다.

김 : 그때부터 계속 술을 마시기 시작한 건가요?

딸 : 네. 엄마의 집착과 감시는 더욱 심해졌지만 그렇다고 엄마가 24시긴 붙어 있을 수는 없었으니까요. 술을 마시면 불안도 없어지고, 용기도 생겼어요. 친구들에게 표현도 더 잘하게 되고, 말도 많이 하니까 주위에선 더 좋아했어요. 왜 아빠가 술을 찾는지 알 것 같았어요.

그렇게 몰래몰래 먹기 시작하면서 점점 술에 의지했고, 대학에 들어가는 시점에는 이미 말술이 되었습니다. 굳이 전라북도의 대학을 선택한 이유도 엄마에게 벗어나기 위해서였습니다. 극단적 통제의 집에서 벗어난 딸은 고삐가 풀린 듯 술을 마셨습니다. 그러다 필름이 끊기고 사고를 칩니다. 다음 날 후회하지만, 그 마음은 얼마 가지 못합니다. 이내 그 스트레스를 이기기 위해 다시 술을 먹는 일상이 반복됐습니다. 그러다 결국 약물에까지 손을 댔습니다. 대학에는 휴학계를 내놓고 어머니에게 받은 등록금으로 약을 사기에 이르렀습니다. 부모도 이 자리에서 처음 들은 이야기였습니다. 어머니와 아버지는 본인 때문이라며 펑펑 울었습니다. 그 눈물 속에는 불안이 삼켜버린 사랑이 담겨 있었습니다. 어머니의 통제가 아이의 내면을 가장 깊이 파괴

하는 칼이 되어버렸습니다.

통제와 집착과 술이 아닌, 믿음과 지지와 사랑

그럼에도 나는 여전히 이 가족에게 희망이 있다고 느꼈습니다. AA에 오는 사람들의 가장 큰 공통점은 자신의 문제를 인지하고 있다는 것, 그리고 이대로는 안 된다는 마음을 품고 있다는 것입니다. 치유의 문은 바로 그 지점에서 열립니다. 이 딸도 그랬습니다. 과도한 통제 속에서 공허함과 불안이 쌓여 알코올 중독까지 가게 되었지만 그 아이의 안에는 '변하고 싶다'는 마음이 분명하게 살아 있었습니다. 그래서 나는 먼저 어머니에게 물었습니다.

김 : 어머님의 방식이 잘못된 건 맞습니다. 하지만 그 근저에는 '우리 아이만큼은 잘 됐으면 좋겠다'는 간절함이 있었잖아요. 그 마음만큼은 이해합니다. 만약 예전으로 다시 돌아갈 수 있다면 어떻게 하셨을 것 같아요?

어 : 남편이 술만 안 먹었어도… 제가 집에서 잘 보살폈겠죠. 그럴 수가 없는 상황이었으니 감시라도 해야 불안이 좀 가라앉았어요. 지금 생각하면 아이를 위한 게 아니라 저 자신을 위해 그랬던 것 같아요. 돌아갈 수 있다면 아이를 믿어줬을 거예요.

나는 고개를 끄덕이고 딸을 바라보며 물었습니다.

김 : 엄마가 그랬다면… 지금처럼 되지는 않았을까요?
딸 : 잘 모르겠지만… 훨씬 나았을 것 같아요.
김 : 그럼 그 모습으로 심리극을 해보죠. 제가 어머니 역할을 해
　　보겠습니다.

그렇게 딸과 함께 심리극을 진행하면서 나는 아이의 속도와 감정을 존중하고, 믿어 주는 엄마의 모습을 보여주었습니다. 그렇게만 했을 뿐인데도 딸은 행복해하며 좋아했습니다. 이 아이에게 정말 필요했던 것은 감시가 아니라 '누군가 나를 믿는 경험'이었다는 것이 선명하게 드러나는 순간이었습니다. 심리극이 끝난 뒤, 나는 어머니에게 물었습니다.

김 : 방금 심리극을 봤는데 어떠셨어요?
어 : (울먹이며) 아이가 하고 싶어 했던 걸 못 하게 했던 것, 계속
　　확인하고 감시했던 모든 순간이 다 후회됩니다. 그게 아이
　　를 이렇게 힘들게 할지 몰랐어요…

딸이 대학에 들어가면서 어머니는 많이 내려놓았다고 생각했지만, 여전히 딸의 일정을 매일 체크하고, 전화가 닿지 않으면 전라도의

학교까지 내려오는 등 통제의 자리를 완전히 벗어나지 못한 상태였습니다. 그래서 나는 조심스럽지만 단호하게 말했습니다.

> 김 : 어머니 말씀처럼 지금이라도 통제하는 마음을 내려놓아야
> 합니다. 그런다고 해서 딸이 술을 안 마시는 것도 아니잖아요.
> 지금은 약물에까지 손을 대는 단계까지 왔습니다. 통제가
> 답이 아니라는 사실이 너무 뚜렷하지 않나요? 이제는 믿고
> 응원해 줄 때입니다.
>
> 어 : 네. 그렇게 해볼게요.

어머니는 처음으로 자신이 했던 방식이 아이를 더 힘들게 했다는 그 사실을 마음 깊이 받아들이고 있었습니다. 그다음은 딸의 마음으로 들어가는 단계였습니다. 나는 딸에게 술을 찾는 마음을 그대로 만나보자고 했습니다.

> 김 : (마음) 야… 너 결국 아빠처럼 됐구나. 이제 아빠 마음 잘 알
> 겠네? 너 계속 아빠가 왜 그렇게 술을 마시는지 궁금해했
> 잖아. 그러더니 아빠랑 똑같아졌네. 너는 앞으로도 계속 스
> 트레스 받고 힘들 땐 술을 찾을 거야. 그러다 집안 살림이
> 며 가구를 다 때려 부수기도 할 거야. 그렇지? 네가 네 아
> 빠처럼 알코올 중독자가 됐듯이 네 아이도 너처럼 알코올

중독자가 될 거야. 그런 삶을 상상하면 어때? 좋아?

이 마음… 들어보니까 어떤가요?

딸 : 너무 제 마음 같아요. 그래서 무서워요.

김 : 알면서 왜 이 마음을 계속 받아줘요? 지금 보면 ○○씨는
술의 노예와 다를 바가 없어요. 유혹이 올라오면 통제를 잃
고 술을 찾죠. 그게 무섭다면서요. 그렇다면 끊어내야죠.

딸 : 맞아요… 끊고 싶은데… 충동이 올라오면 제어가 안 돼요.
저도 너무 괴롭고 무서워요.

사실 중독을 이겨낸다는 건 정말로 힘든 일입니다. 특히 알코올 중독의 경우 충동이 올라오면 대부분 한 시간 안에 술을 찾게 됩니다. 중독과 싸운다는 건 시지프스의 형벌과 비슷합니다. 커다란 바위를 산 정상까지 밀어 올리지만, 정상을 눈앞에 둔 순간 다시 굴러 떨어지는 것처럼요. 중독자는 매일 그 바위를 다시 밀어 올려야 합니다. 그야말로 끝이 보이지 않는 싸움입니다. 나는 15년간 술을 끊었다가 단 한 번의 충동을 이기지 못해 모든 것이 무너진 사람을 상담한 적도 있습니다. 15년 동안 버텼다는 건 그만큼 단단했고, 노력했고, 애썼다는 뜻이지만 중독은 그렇게 냉정합니다. 순간을 틈타 다시 제자리로 끌어내립니다. 그래서 중독은 '한 번 이기면 끝나는 싸움'이 아니라, 오늘도 이기고, 내일도 이겨야만 하는 싸움입니다. 게다가 단 한 번만 져도 바닥까지 떨어질 수 있는 정말 불리한 게임이기도 하지요.

그렇다고 해서 절대 포기해서는 안 되는 일이기도 합니다. 나는 지금껏 너무나 많은 알코올 중독자의 말로를 보았습니다. 신체가 붕괴되어 병원에서 고통스럽게 죽거나, 술에 취한 채 사고로 죽거나, 사회적으로 완전히 고립된 채 외롭게 죽습니다. 중독에서 벗어나지 못한 사람이 마주하는 운명은 이 셋 중의 하나일 뿐입니다. 어느 쪽이든 잔인하고 고통스러운 결말입니다.

게다가 이 친구는 아직 너무 어립니다. 자신이 어떻게 하느냐에 따라 찬란하게 빛나는 삶을 살 수도 있고, 알코올에 잠식돼 나락으로 떨어질 수도 있습니다. 나는 이 어린 친구가 눈앞의 바위에 짓눌리지 않도록, 조금이라도 밝은 쪽으로 나아갈 수 있도록 할 수 있는 모든 힘을 보태고 싶었습니다. 그래서 이번엔 '술을 끊고 싶은 마음'을 불러냈습니다.

김 : 이번엔 다른 마음도 만나보겠습니다.

(마음) 너 아빠처럼 살고 싶지 않잖아. 너에게 남은 긴 인생을 술의 노예로 내줄 마음은 없잖아. 그래서 나는 네가 나를 매일매일 찾아줬으면 좋겠어. 고작 술에 기대고 의탁하는 마음에 지지 마. 할 수 있겠어?

딸 : 응. 할 수 있어. 이제 안 질 거야.

김 : (마음) 좋아. 그러면 내가 이번에 술에 기대는 마음을 불러올 테니까, 다시는 너한테 들어오지 못하게 크게 소리 지르

면서 나가라고 해봐. 알았지?

(또 다른 마음) 너 술 끊는 마음 만났다고? 하… 참나 어이가 없네. (비웃으며) 너 그게 얼마나 갈 것 같아? 이거 끝나고 나가서 또 술 한잔 찾지 않을까? 야. 앞으로는 이런 모임에 오지도 마. 이런데 온다고 네가 술을 끊을 수 있을까?

딸 : (벌떡 일어나더니) 꺼져!! 나 이제 정말 술 끊을 거야! 너 같은 거 필요 없어! 이제 영원히 안 받아줄 거야! 저리 꺼져버려!!!

딸의 갑작스러운 외침에 가족들도 놀랐고, 주변의 다른 사람들은 아낌없는 박수를 보내주었습니다. 마지막으로 가족 모두가 앞으로 나와 서로에게 하고 싶은 말을 전할 수 있도록 했습니다. 딸은 술과 약물을 완전히 끊고 다시 삶을 세우겠다고 했고, 어머니는 통제와 집착을 내려놓고 딸을 믿고 지지하겠다고 다짐했습니다. 아버지도 아내와 딸에게 진심 어린 사과와 평생 금주하겠다는 약속을 전했습니다. 가족들은 물론, 이 상면을 지켜본 다른 이들도 함께 펑펑 울면서 따뜻한 응원을 건네주었습니다.

이 가족에게 남은 과제는 단순히 술을 끊는 것이 아닙니다. 불안을 내려놓고, 각자의 자리를 회복해야 합니다. 그 과정은 결코 만만치 않을 것입니다. 다만 세 사람 모두 문제가 있다는 사실을 인지하고 있고, 이대로는 안 된다는 절박함을 가지고 있는 이상 나아질 여지는 충분하다고 믿습니다. 통제와 집착과 술이 아니라 서로를 향한 믿음과 지지와 사랑을 붙잡고 나가야만 합니다. 이 딸은 아직 충분히 어립니다. 그 나이에 만난 깨달음은, 인생을 다시 설계할 수 있는 귀한 기회가 될 수도 있습니다. 이 가족이 서로에게 새로운 삶을 선물할 수 있기를, 이 아이가 술이 아니라 자기 자신에게 기대어 설 수 있기를, 나는 진심으로 바랐습니다.

3

심리극 사례 10 – 극단적 통제가 부른 극단적 폭발

*이번 장에는 과도한 욕설이 있습니다. 현장감을 살리기 위해 그대로 수록합니다.

문제의 아이들

어느 날 한 중년 여성이 전화를 걸어왔습니다. 아이가 둘인데, 가족 심리극 상담을 받아보고 싶다고 했습니다. 이야기를 들어보니 현재 큰아들은 고등학교 2학년이고, 둘째 딸은 중학교 3학년이었습니다. 큰아이가 초등학교 6학년 때 첫 가출을 했고, 얼마 지나지 않아 둘째도 가출을 하기 시작했습니다. 집안 형편이 넉넉해 부족함 없이 키웠음에도 아이들은 엇나가기만 했습니다. 불만이 뭔지, 왜 나갔는지 물어도 늘 묵묵부답이었습니다.

이후 남매가 모두 가출을 밥 먹듯 반복했고, 돈이 떨어지면 입금을 요구했습니다. 한 번은 돈을 보내지 않았더니 야구방망이를 들고 쳐들어와 부엌 유리장을 부쉈다고 합니다. 분노 조절이 되지 않아 엄마를 때리고, 죽이겠다는 협박도 일삼습니다. 둘째도 정도는 덜하지만 어머니에게 일상적으로 욕을 하는 수준이라고 하고요. 상황이 심각해 보여 상담 일정을 잡았습니다. 처음엔 부부가 먼저 도착했습니다.

"딸은 거의 다 왔다고 하고, 아들은 좀 늦는대요. 안 올 수도 있는데 괜찮을까요?"

가족 상담은 모든 구성원이 함께하는 것이 원칙이지만, 여기까지 온 사람을 돌려보낼 수는 없었습니다. 다만 주말인데도 각자 따로 온 것이 의아해 물어보니, 두 아이 모두 집을 얻어 따로 살고 있다고 했습니다. 아이들이 독립을 시켜주지 않으면 집을 박살내겠다, 가출해서 다시는 들어오지 않겠다는 식으로 협박을 했다고 하더군요. 게다가 딸은 가출을 해서 남자들과 혼숙하는 문제까지 있어서 이럴 바엔 차라리 집을 구해주는 편이 낫다고 판단했다는 것입니다.

잠시 후 둘째 딸이 도착했습니다. 껌을 딱딱 씹으며 이렇게 말했습니다.

딸 : 아저씨, 여기 상담하는 데 맞아요?
김 : 어. 맞는데 너 누구니?
딸 : 엄마가 오라고 했어요. 오면 50만 원 준다고 했는데? (부모를 보며) 아 여기 맞네.

딸은 부모에게 아는 척도 하지 않았습니다. 어머니가 "잘 지냈니?" 하고 묻자 이렇게 말했습니다.

"아 씨발 물어보지 말라고. 왔으니까 돈이나 줘."

깜짝 놀랐지만 부모는 이런 모습에 익숙해 보였습니다. 어머니가 끝나고 주겠다며 달랬고, 아버지는 아무 반응도 하지 않았습니다. 전반적으로 아버지는 몹시 무기력해 보였습니다. 곧 큰아들도 도착했습니다. 부모를 대하는 태도는 딸과 거의 비슷했습니다. 마치 벌레를 보는 것 같은 무심함이었습니다.

통제가 낳은 분노

김 : 주말에 여기까지 오시느라 고생하셨습니다. (아이들에게)
　　너희들도 오기 싫었을 텐데 와줘서 고맙다. 우선 왜 상담을
　　신청했는지 들어볼까요?

어 : (아이들 눈치를 보며) 애들이 무슨 말만 하면 너무 폭발해서…
　　이제는 아이들이 무서워요. 큰애는 중2 때부터 저에게 욕을
　　하고, 고등학생이 되고 나서는 두세 번 맞기도 했어요. 죽
　　인다고 칼을 든 적도 있고요. 저는 그냥 아이들과 잘 지내
　　고 싶은데…

대체 왜 이렇게까지 되었을까요? 나는 아이들의 얘기를 들어보았습니다. 부모에게 보이는 모습과는 달리 큰아이는 차분했고, 자신의 상황과 과거를 또렷하게 설명했습니다. 그 과정에서 이 가족에게 오랫동안 자리 잡고 있었던 깊고 거대한 문제의 뿌리가 드러났습니다. 이 어머니가 그야말로 통제의 극단에 있었던 것입니다.

어릴 적에 친구를 만나면 어머니는 늘 옆에서 기다리고 있다가, 시간이 되면 즉시 손목을 잡아 끌고 나왔습니다. 눈 뜰 때부터 잠들 때까지 아이는 어떤 것도 선택할 수 없었습니다. 심지어 먹는 것도 그랬습니다. 월요일부터 일요일까지 매일매일 정해진 음식이 있었고, 오로지 그것만 먹어야 했습니다. 학교에는 급식을 입에 대지 않게 해달라고 따로 요청하기까지 했습니다. 초등 저학년 때부터 사소한 실수나 잘못을 하면 3~4시간씩 혼냈고, 풍족한 환경에서 학원과 고액 과외로 하루 일과가 꽉 차 있었습니다. 이 어머니 머릿속에는 '이렇게 자라야 한다'는 아이의 모습이 이미 설계되어 있었고, 현실의 아이를 그 도면에 맞추려 했습니다. 아이들은 늘 엄청난 압박감에 시달려야 했습니다.

결국 큰 아이가 초등학교 6학년 때 첫 반발이 일어났습니다. 몰래 학원을 빠진 것입니다. 이를 알게 된 엄마가 야구방망이를 들고 밤새도록 아이를 때렸습니다. 아이는 그때 모든 것을 내려놓았다고 했습니다.

> **김** : 엄마가 때렸을 때 어떤 마음이 들었니?
> **들** : 그냥 다 놓고 싶었어요. 아무것도 하기 싫었어요. 그다음
> 날부터 학교 안 간다고 했어요.

그러자 어머니의 통제는 더 심해졌고, 아이의 표현에 따르면 차에 '구겨 넣어' 학교에 보내졌습니다. 반바지와 러닝셔츠 차림이었다고 합니다. 친구들이 웃으면서 놀렸고, 그 순간 아이는 결심했다고 했습니다.

'엄마 말은 다 개소리다. 다시는 듣지 않겠다.'

얘기를 듣고 보니 아이가 미치지 않은 것이 오히려 다행스럽다는 생각이 들 정도였습니다. 게다가 이 집을 보면 어머니는 통제의 극단에 있고, 아버지는 방관이 극단에 미물러 있었습니다. 이렇게 부모가 서로 극단적으로 다른 양육 방식을 보일 때, 아이는 안정적인 기준점을 잃고 정서적으로 큰 혼란을 경험합니다. 실제 연구에서도 비일관적 양육inconsistent parenting은 불안, 낮은 자존감, 또래 관계 어려움과 높은 상관을 보입니다. 특히 '무엇이 옳은가'보다 '누구 눈치를 봐야 하는가'에 더 민감해져 장기적으로 회피, 위축, 과잉 순응 혹은 반항적

행동으로 이어질 수 있습니다. 이 아이들의 경우 극단적 반항의 형태로 폭발하게 된 것으로 보였습니다.

남보다 못한 가족

그러다 큰아이가 중학생 때 처음으로 엄마에게 욕설을 하고 폭력을 휘두르게 되었는데, 늘 엄하게 혼내던 엄마가 오히려 자신을 무서워 하더라는 겁니다. 그 순간부터 관계의 균형이 완전히 뒤집혔습니다. 그런데도 아버지는 개입하지 않았습니다. 아이는 '이렇게 해도 가만히 있네? 내 멋대로 해도 되네?' 생각하면서 그때부터 날개를 달게 되었죠.

> 김 : 어머니, 얘기를 들어보니 이건 아이들의 문제가 아닌 것 같습니다.
>
> 어 : 그래도 저는 지금은 많이 났어요.
>
> 김 : 이 아이들은 평생 들을 잔소리를 이미 다 들었어요. 지금은 어떤 말도 듣기 싫을 겁니다. 일단 멈추셔야 합니다.
>
> 어 : 그냥 물어보기만 해도 욕하고 화내고 그러니까…
>
> 김 : 그렇다면 더더욱 멈추셔야죠.

어머니의 과거를 들여다보니, 그녀 역시 아버지의 혹독한 통제와 폭력 속에서 자랐습니다. 늦게 귀가했다고 팬티까지 벗겨진 채 밖으로 내쫓겼던 기억까지 꺼냈습니다. 오빠도 거의 비슷한 수준이었는데, 그래서 오빠는 지금까지도 아버지와 인연을 끊고 지낸다고 합니다.

김 : 어머니도 상처가 있으면서 왜 그러셨을까요?

어 : 마음이 니무 불안해서요. 이렇게 해야 잘 클 것 같았어요…

김 : 그런데 지금 잘 컸나요? 오히려 더 파국으로 치닫고 있지 않나요?

어머니는 지금도 아이들에게 수시로 연락하며, 답이 없으면 남편을 시켜 불이 켜져 있는지 확인하게 했습니다. 모든 것이 '놓지 못함'에서 비롯된 행동이었습니다. 처음엔 이런 아이들이 있나 싶었는데, 이제는 아이들이 불쌍해 보일 지경이었습니다.

김 : 너희들 심정도 이제 충분히 이해가 간다. 가족이 떨어져 지내는 게 안다깝지만 너희늘은 떨어져 지내는 게 맞겠다는 생각이 든다. 그래도 엄마한테 욕하고 이런 거 괜찮아? 누가 엄마한테 이렇게 씨발 씨발 하니… 너네 마음도 이해는 하지만 안타깝다.

들 : 근데요 선생님. 저는 보고 있으면 그냥 화가 나요. 저는 엄마라고 생각도 안 해요. 여기 오는 것도 협상이 돼서 오긴

했는데, 오는 것도 싫었고요. 상담이고 뭐고 다 필요 없어요.
나는 돈만 주면 돼요. 돈 주면 욕 안 해요.

김 : 딸도 그러니?

딸 : 네. 똑같아요.

김 : 좀 전에 엄마 과거를 들었잖아. 혹시 무슨 생각 들었니?

딸 : 별 생각 없는데요. (엄마에게) 입금했어? 아 빨리 하라고…
끝났으면 이제 가도 돼요?

김 : 아들도 별로 느껴진 게 없었니?

들 : 네. 없는데요. 솔직히 저게 엄마냐고요. 미친년이죠.

김 : 어머니… 너무 늦게 오셨습니다. 지금은 남입니다. 아니,
남보다 못한 사이입니다. (아이들에게)이제 고등학생, 중학
생인데 너희들 그러면 언제까지 엄마 아빠한테 돈 달라고
할 거니?

들 : 낳았으니까 줘야죠. 나는 일 안 할 거예요. 너희들 돈 많잖아.
돈이나 줘

버 : (뭔가 얘기하려고 하는데…)

들 : 아빠는 빠져, 씨발

버 : (입을 닫는다)

회복할 가능성이 1퍼센트도 보이지 않았습니다. 나는 이들에게
얘기했습니다.

"힘드시겠지만 자꾸 확인하고 그러지 마십시오. 상황만 더 안 좋아질 뿐입니다. (아이들에게) 너희들 보니까 선생님이 너무 안 타까운데 아무리 미운 엄마지만 그래도 관계를 개선해 볼 수 있는 여지를 좀 남겨두면 어떨까 싶다. 아주 조금이라도 문이 열려있어야 그래도 가능성이 생겨. 그마저도 없으면 절대 안 된다는 사실을 알았으면 좋겠나. 아빠가 연락하는 건 괜찮니?"

그건 괜찮다고 하길래 아버지에게 중간에서 역할을 잘 해줬으면 좋겠다고 이야기하고 상담을 마무리했습니다. 이 이상 내가 해줄 수 있는 게 없었습니다. 그렇게 부모들을 먼저 보내고 아이들에게 마지막으로 이 말을 덧붙였습니다.

"너희들이 상처 받은 건 알겠는데, 엄마 아빠를 떠나서 이런 마음으로 세상을 살면 너무 힘들지 않겠니? 부모와 상관없이 너희들이 지금 너무 분노로 가득 차 있는 것 같다. 오늘은 여기서 끝내겠지만 혹시 나중에 어른이 되어서라도 이런 마음을 해결하고 싶다는 생각이 들면 꼭 다시 연락했으면 좋겠다. 선생님이 아니라 다른 분에게라도 한 번쯤 상담을 받아보면 좋겠다."

아이들은 알겠다고 하더니 꾸벅 인사를 하고 나갑니다. 하지만 나의 말은 그들에게 닿지 않았을 겁니다. 그들에게 마치 어떤 감정도

들어가지 않을 것만 같은 느낌이었습니다. 그것은 부모의 통제가 만
든, 어찌해도 무너뜨릴 수 없는 벽이었습니다.

공포로 가득했던 상담의 기억

이 케이스와 비슷했던 상담이 하나 더 있습니다. 지금도 생생하
게 떠오르는, 내게도 잊히지 않는 공포의 기억입니다. 부모가 함께 중
견기업을 운영하는 분이었는데, 이 가족 역시 어머니가 아들을 극도
로 통제하며 키웠습니다. 결국 아들은 중학생 때 폭발하기 시작했고,
중3 무렵에는 부모가 어떻게 할 수 없는 지경에 이르렀다고 합니다.
상담 당시에 25살이었던 아들은, 직장도 없이 부모가 주는 돈으로 생
활하고 있었습니다. 그동안 수도 없이 어머니와 아버지를 때리고 욕
하고 집을 부수는 일이 반복되었고, 어머니 목에 칼을 댄 적도 있을
정도였다고 합니다.

처음 부모를 먼저 만나 상황을 듣는 와중에 아들이 도착했습니
다. 문이 열리는 소리가 들렸을 뿐인데도 부모의 표정이 단번에 굳는
것이 느껴졌습니다. 두 사람이 보내는 신호는 오롯한 공포였습니다.
구체적으로 말하지는 않았지만 이들에게는 이러다 정말 죽을 수도
있다는 마음이 느껴졌습니다.

모두 모인 뒤, 어떻게 여기 오게 되었는지 묻자 어머니가 대뜸
자동차 이야기를 꺼냈습니다.

어 : 저희 아이가 차가 두 대가 있거든요. 그런데 자꾸 람보르기
　　니를 사달라고 하는데… 이걸 사주는 게 맞는…

들 : 아이 씨발 여기 상담받으러 오면 사준다며!

어 : 아니… 생각을 해본다고 했지…

들 : 아니, 이 씨발년이 사준다고 했잖아! 왜 얘기가 달라.

순간 아들이 외투 지퍼를 열더니 긴 사시미 칼을 꺼내는 게 아닙니까! 그 장면이 지금도 내게 큰 트라우마로 남아 있습니다. 눈빛에 살기가 서려 있어 수틀리면 정말 찌를 것만 같았습니다.

'이거 어떡하지? 어떻게 해야 하지?'

순간적으로 내 멘탈도 무너질 뻔했습니다. 하지만 이런 상황에서 흥분하면 더 위험하다는 판단이 들었고, 인생에서 가장 침착한 목소리를 끌어내 말했습니다.

"아드님. 그러지 말고, 칼을 좀 내려놓고 얘기하시죠."

솔직히 말하면, '쫄았다'는 표현 외에는 설명이 되지 않을 만큼 두려웠지만 겉으로는 최대한 차분함을 유지하려 애썼습니다. 아들은 칼을 든 채 나를 스윽 쳐다보았습니다. 그 읽을 수 없는 표정이 나는

지금도 잊히지 않습니다.

'아… 괜히 말했나? 지금이라도 도망가야 하나?'

오만 가지 생각이 다 들었지만 내가 도망치면 오히려 더 흥분해 달려들 수도 있겠다는 생각이 들었습니다. 나는 다시 한 번, 그러나 조금 더 힘을 주어 말했습니다.

"아드님. 칼 내려놓으세요."

그러자 아들이 "씨발!" 하고 소리치며 칼을 바닥에 던졌습니다. 놀란 가슴을 쓸어내리며 재빨리 칼을 주워 서랍에 넣고 열쇠로 잠궜습니다. 부모님을 밖에 나가 계시도록 하고, 아들과 단둘이 대화를 시작했습니다.

들 : 아 진짜 씨발년이 맨날 거짓말하고… 엄마가 나한테 어떻게 했는지 아세요? 저는 숨통이 막혀서 집에 들어오는 게 너무 싫었고, 매일매일 죽고 싶었어요. 이렇게라도 안 하면 견딜 수가 없어요. 지금도 후회 안 해요. 나한테 어떻게 했는데… 오늘도 오면 람보르기니 사준다고 해놓고… 아 씨발 진짜!

김 : 그러셨구나… 분노가 폭발하셨군요. 아 진짜 쉽지 않네요.

　　일단 부모님 다시 들어오시게 해도 될까요?

부모를 다시 불러 그동안 아들에게 진정성 있게 미안하다는 말을 해본 적이 있냐고 물었습니다. 둘 다 그런 적이 없다고 했습니다. 그 자리에서 과거의 일들에 대해 사과하도록 했지만, 아들은 눈 하나 깜빡하지 않았습니다. 이미 아무 말도 닿지 않는 상태였습니다. 결국 그날도 제대로 된 상담은 이루어지지 못했습니다.

통제라는 이름의 시한폭탄

이 사례들은 지금도 내게 깊은 의미로 남아 있습니다. 두 어머니 모두 처음에는 아이를 위한 '걱정'이라는 이름으로 시작되었지만, 시간이 흐르며 아이를 조이면서 마음의 문을 닫게 만들어 버렸습니다. 이렇듯 아이를 지나치게 통제하는 가정에서 나타나는 문제는 아이의 행동이 아니라 소통이 완전히 끊긴 관계 그 자체입니다. 부모가 아무리 옳은 말을 해도 닿지 않고, 아이는 부모를 두려워하거나 조롱하거나, 때로는 존재 자체를 부정합니다. 관계의 파탄은 어느 날 갑자기 생기지 않습니다. 조용히 잠식되다가 한순간 폭발합니다. 그 폭발은 가출일 수도, 욕설일 수도, 극단적인 분노로 인한 폭력과 위협의 형태일 수도 있습니다. 이 분노는 대개 부모를 향하지만 때로 자기 자신을 겨눌 수도 있고, 사회를 향해 튀어 나가기도 합니다. 그게 '묻지 마 폭행' 같은 사회적 문제로 번지는 경우도 적지 않습니다.

이것은 결국 오랫동안 눌려 있던 감정이 잘못된 방향으로 표출될 때 벌어지는 일입니다. 감정은 반드시 출구를 찾습니다. 다만 그 출구가 건강한가, 아닌가의 차이일 뿐입니다. 통제는 아이를 지키는 방법이 아니라, 아이의 마음에 폭발물을 쌓아 올리는 방식입니다. 적어도 아이를 시한폭탄으로 만드는 부모는 되지 말아야 합니다.

4

마음 만나기

나의 어린 시절 돌아보기

· 어린 시절, 부모가 나를 통제하거나 혹은 과도하게 관리하려 했던 적이 있었나요?

· 그 장면에서 느꼈던 내 감정과 몸의 느낌을 적어보세요.

· 그 시절의 내가 바랐던 것은 무엇이었나요?

지금의 양육 태도 점검하기

· 지난 한 달 동안, 내가 아이의 선택·속도·방식을 조정하거나 지시했던 순간은 언제인가요?

· 그 행동의 바닥에 있던 감정은 무엇인가요?

(예측 불가능함, 불편, 아이의 실수를 견딜 수 없음, 통제 상실에 대한 불안 등)

· 나는 '내 방식'을 아이에게 강요하고 있지는 않나요?

· 아이가 나와 다른 방식으로 하려고 할 때, 내 안에서 올라오는 감정
은 무엇인가요?

· 아이가 자율적으로 결정을 하려고 하는데, 내가 간섭하고 싶은 순간
은 언제인가요? 그 이유는 무엇인가요?

아이의 목소리 듣기

아이에게 물어보세요. 아이가 말을 그대로 적어보세요.

"엄마/아빠가 어떤 부분에서 너를 너무 조이는 것 같아?"

"네가 하고 싶은 방법이 있었는데 엄마/아빠의 방식을 강요한
적이 있어?"

"이때 너는 어떤 기분이 들었어?"

실천하기

· 아이의 선택을 존중하고 '개입하지 않을 순간' 한 가지를 정하세요.

그리고 한 달 동안 꾸준히 실천하세요.

그리고 앞으로 한 달 동안 내가 아이의 삶에 과도하게 개입하고 통제
하려고 할 때가 있는지 스스로 잘 관찰해보세요.

한 달 후 점검

· 지난 한 달 동안, 내가 개입하려던 순간을 알아차린 경험이 있었나요?

· 아이가 스스로 선택할 때 내가 느낀 감정은 무엇이었나요?

· 이와 관련하여 앞으로의 다짐을 적어보세요.

예) 나는 아이의 삶을 대신 조종하는 사람이 아니라, 아이의 선택을 지켜보는 사람이다.

CASE. 7

소통의 부재

1

대화의 온도

인간은 사회적 동물입니다. 우리가 '나는 자연인이다'에 나오는 분들처럼 외딴 산속에서 혼자 살아가지 않는 이상, 반드시 타인과 관계를 맺을 수밖에 없습니다. 그래서 대화와 소통은 삶을 유지하는 데 필수적인 요소입니다. 아이들 역시 마찬가지입니다. 다만 아이들은 타인과 관계를 맺고 마음을 표현하는 법을 가정에서 부모로부터 배웁니다.

침묵이 오래된 가정에서 자란 아이들은 감정과 생각을 말로 표현하는 경험이 부족해 종종 자신의 마음을 설명하기 어려워합니다. 정서적 안전감이 충분히 형성되지 않다 보니 관계에서는 조심스럽거나, 반대로 쉽게 불안해지기도 하지요. 대화를 통해 배우는 자기표현과 갈등 해결 능력도 자연히 뒤로 밀려나면서, 눈치를 보거나 침묵으로 반응하는 패턴이 자리 잡을 수 있습니다. 더 어린아이라면 언어 발달에도 큰 영향을 미치기 마련이죠. 그럼에도 제대로 된 소통이 이뤄지지 않는 가정은 여전히 많습니다. 대부분 마음이 없어서가 아니라, 방법을 몰라 서툴고 어색하기 때문입니다.

말이 오가지 않는 가정에서 자란 마음

사실은 나도 이 경우에 속하는 사람입니다. 그런 점에서 이번에는 나의 얘기를 좀 해볼까 합니다. 어린 시절의 아버지는 늘 무서웠고, 자주 언성이 높아졌습니다. 화를 낼 만한 상황이 아닌데도 어머니에게 소리 지르는 일이 잦았습니다. 그래서 그런지 어머니는 늘 굳은 표정으로 긴장해 있었습니다. 내가 학교에서 돌아왔을 때, 어머니가 웃으며 밝게 맞이해 주는 그런 기억은 거의 없습니다.

그래도 아버지가 없을 때는 조금 나았습니다. 어머니와 나, 여동생만 있을 때는 가벼운 이야기 정도를 나누곤 했지요. 하지만 아버지가 돌아오기 힌 시간 전쯤이 되면 집 안의 공기가 서서히 굳습니다. 그러다 30분 정도가 지나면 서로 눈치를 보며 각자의 방으로 들어가곤 했습니다. 집에서는 늘 필요한 말만 오갈 뿐이었습니다.

그러던 초등학교 3학년 무렵 학교를 마치고 집으로 돌아오는데 동네 어귀에서부터 아버지의 화난 목소리가 들려왔습니다. '더 놀다가 들어갈까?', '동네를 몇 바퀴 더 돌까?' 많은 생각이 스쳤지만, 발걸음은 의지와 무관하게 계속 집으로 향했습니다.

나중에 상담을 공부하고 나서야 알았습니다. 그때의 나는 집에 어머니만 계시니 나라도 함께 있어야 한다고 무의식적으로 판단했다는 것을요. 하지만 그 어린아이가 불안의 상황으로 스스로 걸어 들어가야만 하는 두려움은 지금도 생생하게 기억합니다.

문을 열었을 때, 아버지는 무엇 때문에 그렇게 화가 났는지 고함을 치고 있었습니다. 머릿속으로는 '어머니 손을 잡고 나올까?', '나 혼자라도 도망칠까?' 수많은 생각이 스쳤지만, 아무것도 할 수 없었습니다. 두려움에 다리가 얼어붙어 그 자리에서 벌벌 떨고만 있을 뿐이었습니다.

이날의 공포는 나에게 상처로 남았고, 그날 이후 말을 더듬기 시작했습니다. 어제까지 멀쩡하던 아이가 갑자기 말을 더듬으니 친구들은 웃고 '더듬이'라고 놀렸습니다. 집에서는 말더듬이 더 심해졌습니다. 나는 점점 표현이 서툴러지고 소심해졌습니다.

중학교에 들어가면서 나는 록 음악과 헤비메탈에 빠지게 되었는데, 아마 강렬한 음악을 통해 내면의 소심함과 표현하지 못하는 마음을 대리 분출했던 것 같습니다. 쿵쿵 거리는 드럼과 기타 소리… 절규하는 보컬의 노래를 내 마음의 돌파구로 삼았던 것이죠.

내가 상담 공부를 하게 된 것도 결국은 내 문제를 해결하고 싶다는 마음에서 비롯되었습니다. 이 답답함을 스스로 자각하면서 '나를 들여다봐야 한다'는 생각을 했고, 그 마음이 지금의 심리극 상담가로 이어지게 된 것입니다.

그렇게 자라다 보니 성인이 되어서도 부모님과 자연스럽게 대화를 나누는 일이 거의 없었습니다. 서른 살 무렵에 독립하기 전까지, 거의 30년을 그런 분위기 속에서 살아왔습니다. 그래서 나에게 집, 가정이라는 공간은 '말하는 곳이 아니다', '대화하는 곳이 아니다', '밝게 웃는 곳이 이니다'라는 인식이 뇌 속에 깊게 각인되어 있었습니다. 가족 안에서 대화한다는 것 자체가 나에게는 매우 어색한 일이었습니다.

그런 나에게 직장 시절 처음 만난 아내는 전혀 다른 세계였습니다. 누구보다 밝은 사람이었고, 대화를 많이 하는 사람이었습니다. 몇 년의 연애 끝에 결혼을 하기 위해 서로의 집에 인사를 간 적이 있었습니다.

아내가 우리 집에 왔을 때 아버지는 일종의 호구조사 차원의 질문을 몇 개 던지시고, "그래요. 서로 잘 만나면 좋겠네요." 하고는 끝. 그 이후로는 그냥 말없이 밥만 먹었습니다. 아내가 탐탁지 않아서가 아닙니다. 우리 집은 원래 그런 곳이었으니까요. 나중에 아내는 그 시간이 굉장히 불편했고, 이상했다고 하더군요. 그때 나는 처음으로 '아, 누군가는 이렇게 느낄 수도 있겠구나' 하는 생각을 하게 되었습니다.

이후에 아내 집에 인사를 갔는데 분위기는 180도 달랐습니다. 아내를 비롯한 3남매와 장인어른·장모님이 계셨는데, 만나서 헤어질 때까지 계속 웃음이 이어졌고, 단 한 순간도 말이 끊이지 않았습니다.

대화는 자연스럽게 흘렀고, 서로의 하루를 즐겁고 유쾌하게 나눴습니다. 아내는 나와는 전혀 다른 가족의 뿌리를 가진 사람이었습니다. 장인어른은 자녀들과 대화를 많이 나누고 세심하게 챙겨주는 분이셨습니다. 다만 이 밝고 편안한 분위기가 나에게는 좋다기보다, 적응이 잘 되지 않았습니다. 돌이켜보면 가족의 분위기는 결국 부모가 어떤 방식으로 아이에게 다가가느냐에 따라 달라집니다.

뇌에 각인된 패턴

우리가 어떤 가정을 지향해야 하는지는 사실 명확합니다. 나 역시 마음속으로는 늘 그런 가정을 꿈꿨습니다. 아내와 결혼하면서 내 아버지 같은 남편이나 부모는 되지 말자고 스스로 굳게 다짐했습니다. 하지만 현실은 생각처럼 쉽지 않았습니다. 그동안 상담 공부를 통해 수많은 이론을 알고 있었지만, 머리로 아는 것과 행동으로 살아내는 것은 전혀 다른 일이었습니다. 내 안에 깊이 새겨진 패턴은 쉬이 바뀌지 않았습니다.

특히 두 아이에게 정서적인 부분을 충분히 채워주지 못했습니다. 먼저 웃으며 말을 거는 사소한 일도 잘 못했습니다. 학교에서 돌아오면 "오늘 뭐했어?", "친구들과 어떻게 지냈니?" 같은 말도 잘 나오지 않았습니다. 그러면서 아내가 하고 있으니 굳이 내가 할 필요는 없다고 합리화했습니다.

이런 문제로 아내와 부딪힌 적도 있었고, 아이들이 어느 정도 크고 나서는 이런 부분을 직접 이야기한 적도 있었습니다. 그때 나는 잘해보겠다고, 미안하다고 말했습니다. 어린 시절 이야기를 털어놓으며 마음이 없어서가 아니라, 나에게는 너무 어색한 일이라는 사실도 솔직하게 인정했습니다.

"그렇다고 너희가 나를 이해해 줘야 한다는 뜻은 아니다. 내가 바뀌는 게 맞다. 미안하고, 정말 더 노력해 볼게."

아이들과 그렇게 약속하고 스스로도 결심했지만, 금세 익숙한 방식으로 돌아가곤 했습니다. 내게는 그 패턴이 너무 오래된 것이었기 때문입니다.

나는 밖에서 대중들을 만나 강연도 하고, 전문가의 입장으로 방송에 출연합니다. 사람들과도 비교적 잘 어울리고, 농담도 잘하는 편입니다. 그래서인지 종종 "소장님은 아내에게도 잘하실 것 같고, 자녀들과도 대화가 잘 되실 것 같아요."라는 말을 듣곤 하는데요, 현실은 전혀 그렇지 않습니다.

많은 이들의 고민을 듣고 해결책을 제시하면서도, 정작 나는 집에 들어가는 순간 표정이 굳는 사람이었습니다. 이 사실을 명확하게 인지한 것도 불과 5~6년밖에 되지 않았습니다. 아이가 성인이 된 뒤, 이 문제를 강하게 지적하기 전까지는 전혀 모르고 있었던 것입니다.

어릴 때 굳어진 생각과 행동이 여전히 내 안에 고착되어 있었습니다. 상황이 달라졌고, 불안함도 제거되었지만 집 문을 여는 순간 내 생각과 감정, 신체 반응은 아직도 그때의 방식으로 움직이고 있었습니다. 지금도 완전히 해결됐다고 말할 수는 없습니다. 다만 조금씩 나아지고 있습니다.

마음을 지탱하는 뿌리

이 책에서 여러 번 강조했듯 인간이 바뀐다는 것은 정말 어려운 일입니다. 그냥 하는 말이 아니라 나 스스로가 누구보다 잘 알고 있습니다. 솔직히 나의 경우는 운이 좋았다고 생각합니다. 무엇보다 아내가 본래 밝고 따뜻한 사람이었기 때문에 아이들은 자연스럽게 그런 정서 속에서 자랐습니다. 아이들이 성장하면서는 오히려 이들이 가족 분위기를 주도하고 집 안의 공기를 조금씩 바꾸어 주었습니다. 그 모습을 보며 나 역시 마음을 받아들이는 법, 선택의 방향을 바꾸는 것이 얼마나 중요한지를 깨닫게 되었습니다. 결국 아내와 아이들이 내 변화의 가장 중요한 동력이었습니다. 아마 이들이 아니었다면 나는 여전히 예전의 방식에 머물러 있었을지 모릅니다.

하지만 모두가 그런 가족 구성원을 만나는 건 아닙니다. 아버지가 말이 없는데 어머니도 그런 성향인 경우도 있고, 실제로 대화 없이 지내는 가족은 많습니다. 가족 안에서 대화가 부족한 채로 시간이 흐르면, 그 방식은 쉽게 바뀌지 않습니다. 변화의 방향을 만드는 사람은 결국 부모여야 합니다. 책이든, 영상이든, 강연이든, 어떤 방식으로든 동기부여를 지속적으로 만들어야 합니다. 변화는 한 번의 결심이 아니라, 의식적인 반복에서 시작되기 때문입니다.

오늘 하루 아이에게 조용히 질문 하나를 건네보는 것, 아이가 말을 아끼면 내가 먼저 하루를 나누어 보는 것, 어색한 마음과도 부드럽게 대면해 보는 것. 이런 시도들이 반복되면 어느 순간 일상이 됩니다. 우리가 굳이 노력해야 하는 이유는 단 하나입니다. 부모이기 때문입니다.

나는 '수다'의 힘에 대해 생각합니다. 저녁 식탁 위를 맴도는 따뜻한 밥 냄새, 사소한 이야기에 섞여 나오는 웃음 한 번, 가볍게 주고받은 말들이 쌓여 아이에게는 정서적 안전지대가 됩니다. 작은 소리들이 마음을 지탱하는 뿌리가 됩니다. 아이는 부모의 말과 표정과 온도로 자랍니다. 대화는 기술이 아니라, 하루하루 쌓이는 정서의 기후입니다. 나 역시 아직 서툽니다. 아마 평생의 숙제일 것입니다. 계속, 끊임없이 노력힐 작정입니다. 이 책을 읽는 당신도 그랬으면 좋겠습니다.

덧붙임 : 가끔 돌아가신 아버지를 생각합니다. 아마 할아버지가 엄하셨기에 아버지도 방법을 모르셨을 겁니다. 또 그 세대에서는 더욱 익숙하지 않은 일이기도 했을 겁니다.

나는 서른한 살 때 아버지에게 받았던 이 상처를 직면했습니다. 그 시절의 아픔과 상처에 관해 얘기했고, 아버지는 내 이야기를 한참 동안 말없이 들으시고는 고개를 끄덕끄덕 하셨습니다. 그 자체로 나에겐 어느 정도 치유된 기분이었습니다. 내 느낌으로는 그때부터 아버지가 조금 달라지지 않았나 싶습니다.

아버지는 나중에 폐암으로 병마로 싸우다 돌아가셨는데 임종을 맞기 전에 나에게 고생했다고, 고맙다고 하셨습니다. 눈을 감기 며칠 전에는 어머니에게도 그간의 고마움을 표현하셨다는 얘기를 들었습니다. 어머니는 그 말씀을 하면서 눈물을 펑펑 쏟았습니다. 나도 어머니도 아버지가 평생 그 말을 안 하실 줄 알았거든요. 한편으로 생전에 조금 더 일찍 이런 이야기를 나누었으면 어땠을까 하는 생각을 지울 수가 없었습니다.

여러분도 너무 늦지 않았으면 좋겠습니다. 직면하는 것도, 미안함이나 사랑을 표현하는 것도요.

2

심리극 사례 11 - 그 아버지가 침묵한 이유

대화 앞에서 멈추는 가족

이번 사례는 한 어머니에게서 걸려 온 전화로 시작되었습니다. 전화를 받자마자 그분은 폭풍처럼 자신의 어려움을 털어놓았습니다. 요지는 남편이 너무 답답하다는 것입니다. 무슨 말을 해도 반응이 없거나 단답으로 끝나기 때문에 아이들도 아빠를 어색해하고, 결국 집에시는 본인만 말을 하고 있다는 겁니다. 여러 차례 대화를 시도했지만 변화가 없어 지쳤다고 하소연했습니다.

부부 중 단 한 사람만 문제 의식을 가지고 있으면 조율이 잘 되지 않는 경향이 있기 때문에 조금 염려했는데, 다행히 상담 날짜에 맞춰 모두 방문했습니다. 알고 보니 남편과 아이들에게 일방적으로 간다고 통보한 뒤 억지로 끌고 온 상황이었습니다.

보통 대화와 소통 문제로 상담을 신청하는 가족을 만나보면 전반적인 분위기가 경직되어 있습니다. 이번 가족도 그랬습니다. 특히 아이들이 매우 굳어 있었는데, 고개를 숙인 채 손가락만 만지작거리는 둘째는 표정만 봐도 불안이 또렷이 드러났습니다.

심리극 상담을 시작하면서 나는 우선 가족 모두에게 무엇을 해결하고 싶은지 물었습니다. 어머니가 먼저 대답했습니다.

"쓸데없는 거라도 좋으니 대화를 좀 했으면 좋겠어요. TV 보면서 같이 웃는 일도 없고, 일상적인 대화조차도 없어요. 들어오면 들어온다, 나가면 나간다는 말도 없어요. 밥 먹을 때 맛있냐고 물어봐도 대답도 없고… 정말 미치겠어요. 이러다 우울증 걸릴 지경이에요."

이번에는 아버지에게 물었습니다.

김 : 일상적인 대화나 기본적인 말도 잘 안 하시나 봅니다?

버 : (고개만 끄덕임)

김 : 아버님. 지금은 상담 자리이니 집에서처럼 하지 마시고, 말로 표현을 해주시면 좋겠습니다.

버 : 네.

김 : 집에서도 이렇게 표현을 잘 안 하세요?

버 : 네.

이 아버지는 진지하게 상담에 응하려는 태도가 전혀 보이지 않았습니다. 제대로 된 설명도 듣지 못하고 끌려오다시피 했으니 전혀 이해가 안 되는 건 아니지요. 그래서 먼저 마음을 열게 만드는 것이 중요하다고 판단했습니다. 나는 아내가 토로하는 불만에 공감하는지, 어떻게 상담에 오게 되었는지를 물었습니다. 그제야 처음으로 단답이 아닌 자신의 마음을 꺼냈습니다.

"저는 오고 싶지 않았어요. 뭐 하는 데인지도 잘 몰랐고… 하도
소리를 질러서 왔습니다."

나는 조금 더 들어야겠다고 생각했고, 아내에게 혹시 불만이 있는지 물었습니다. 그러자 이번에는 확실히 말문이 열리기 시작했습니다. 아내가 자신에게 수시로 소리를 지르고 윽박지르기 때문에 말을 히고 싶지 않나는 겁니다. 그의 답이 끝나기도 전에 아내가 소리쳤습니다.

어 : 선생님! 제가 처음부터 이러지 않았어요. 이 사람이 말을
안 하고 워낙 답답하게 하니까 그런 거지, 제가 처음부터
이랬겠어요? 나 정말 어이없네.

김 : 그러시군요. (아버지에게) 아버님께서 얼마나 말을 안 했으면
소리까지 지르게 됐을까요. 이 마음은 이해가 안 되세요?

버 : 보시다시피 말하는 게 늘 이런 식이에요. 그러니까 대화를
하고 싶지 않아요. 차라리 저한테 말을 안 걸었으면 좋겠어요.

이에 관한 어머니의 항변은 이랬습니다. 처음에는 자신도 소리를 지르거나 하지 않았다는 겁니다. 다만 언제부터인가 남편에게 말을 걸면 벽을 향해 이야기하는 느낌이었고, 그래서 목소리가 점점 커졌다는 것입니다. 그렇게 목소리가 커지면 남편은 늘 방으로 들어가 버렸습니다. 이런 회피가 몇 년 동안 반복되면서 둘 사이에는 '추격-도망' 패턴이 굳었습니다. 그러다 보니 요즘엔 스스로도 말이 부드럽게 나오지 않는다는 것을 느낀다고 했습니다. 그 결과 거친 말투가 아이에게도 이어지기 시작했습니다. 아이들이 아버지를 닮아 말수가 적고 마음 표현을 어려워하자, 자신도 모르게 아이에게 남편에게 하듯 버럭 소리를 지르게 된다는 것이죠. 요즘엔 아이가 눈물을 뚝뚝 흘려도 언성이 더 높아지기만 할 뿐이라고 말했습니다.

과거와의 연결고리

여기까지 이야기를 들은 뒤, 다시 아버지로 돌아와 어린 시절의 성장 과정을 물었습니다.

아버지는 잠시 뜸을 들이더니 조용히 자신의 성장기를 꺼냈습니다. 부모님 두 분 모두 잔소리가 매우 많은 분이었습니다. 특히 아버지는 술을 마시고 들어오면 무릎을 꿇리고 새벽 3시, 4시까지 같은 이야기를 반복했다고 합니다.

이 경우는 매우 극단적이긴 하지만 요즘에도 비슷한 사례는 종종 봅니다. 아이와 대화는 하고 싶은데, 어색한 데다 어떻게 해야 할지도 잘 모르니 술의 힘을 빌려서 감정을 표현하는 것이죠. 밤늦게 들어와 자는 아이를 깨워 얼굴을 비비며 사랑한다, 어쩐다 하는 식입니다. 이건 소통이 아니라 주정이라고 봐야 합니다. 당연히 아이들은 이런 상황을 매우 싫어합니다.

주로 대화 문제로 나를 찾아오는 아버지들이 이런 경험을 털어놓습니다. 본인 나름대로는 이렇게라도 분위기를 바꾸고 싶어 노력하는데 안 받아준다며 오히려 섭섭하다고 합니다. 이런 방식은 아이가 '대화 자체를 피하는 마음'을 갖게 만든다는 걸 알아야 합니다. 대화는 술의 힘이 아니라 마음의 힘으로 해야 합니다. 내 마음을 기반으로 아이의 마음속으로 들어가려는 노력이 있을 때 비로소 제대로 된 소통이 가능합니다.

이 아버지 역시 그 악영향을 고스란히 받고 자란 사람이었습니다. 이런 성장 과정이 있었기 때문에 자신은 말하고 대화하는 것 자체가 불필요하다고 생각했습니다. 이분에게는 대화 자체가 '상처'였습니다. 자신이 겪었던 좋지 않은 경험을 아이들이 하는 것을 원치 않았기 때문에 입을 다물었던 것이죠. 이런 와중에 아내는 너무 말이 많고, 그것 때문에 더더욱 힘들어했습니다. 실제로 처음 만난 내가 느낄 수 있을 정도로 이 어머니는 잔소리가 많은 분이었습니다. 심리극을 했을 때도 아이들한테 "어디야? 왜 안 들어 왜? 양말 거꾸로 하지 말라니까 왜 양말 거꾸로 해놔? 손 씻었니? 이건 왜 이렇게 어질러놨어?" 이런 식으로 쏘아 붙이는 경향이 있었죠. 나는 아버지에게 말했습니다.

> "아마 아버님은 아내의 말투가 어릴 적 어머니가 말하던 방식
> 과 거의 똑같이 들렸을 겁니다. 아내분을 통해, 어릴 적 가장 싫
> 었던 부모님의 모습을 다시 보고 계셨던 거죠."

이 말을 듣자 아버지는 마치 오래된 퍼즐 조각이 맞춰진 듯, 무언가 깨달았다는 듯 작게 "아…" 하고 탄식을 내뱉었습니다. 이렇게 현재의 내 모습과 과거의 경험 사이의 연결고리를 찾는 일은 심리치료에서 변화의 출발점으로 여겨집니다.

어린 시절의 강렬한 감정 경험은 뇌 깊은 곳에 남아 있습니다. 그러다 성인이 된 후 비슷한 상황을 만나면, 지금 일어난 사건보다 먼저 그때의 감정이 되살아나곤 합니다. 특히 반복적으로 비난을 받거나 강압적인 소통을 경험한 사람은 비슷한 톤·표정·말의 리듬을 들었을 때 의식보다 몸이 먼저 긴장하고 굳어 버리기 쉽습니다. 이 아

버지에게 아내의 말투는 어릴 적 자신을 힘들게 했던 부모의 목소리였습니다. 그래서 머리로는 '대화를 해야 한다'고 생각하면서도, 몸과 감정은 본능적으로 문을 닫는 반응을 반복했습니다.

하지만 이렇게 과거와 현재의 연결고리를 스스로 자각하는 순간, 심리치료에서 말하는 통찰insight을 경험하게 됩니다. 그때부터는 눈앞의 배우자를 과거의 부모와 분리해서 볼 수 있고, 더 이상 '예전의 엄마·아빠에게 하듯이' 반응하지 않게 됩니다. 그 덕분인지 아버지는 좀 더 솔직하게 자신의 내면을 표현했습니다.

버 : 몇 년 전에, 아내가 뭔가 얘기한 적이 있었어요. 그때 모습이 어릴 적에 엄마가 얘기하던 것과 똑같았습니다. 그때부터 아내와 얘기하기가 싫어졌습니다.

김 : 그동안 아버님은 아내가 아니라, 어릴 적 어머니와 대화하고 계셨던 겁니다. 그래서 더 힘드셨을 겁니다. 하지만 그만큼 아내분도 많이 힘들었겠지요. (아내를 바라보며) 하지만 어머님도 잔소리가 많다는 점은 인정하셔야 합니다. 남편분에게 이런 상처가 있는데, 그런 말투는 기름을 붓는 셈입니다.

어 : 아니요! 저는 원래 소리 지르는 사람이 아니었다니까요. 처음부터 이러지 않았어요. 이 사람이 말을 안 하고 너무 답답하게 하니까…!"

어머니의 말 속에는 억울함과 지쳐 있음이 함께 섞여 있었습니다. 그 심정은 이해하지만 스스로 잔소리가 많다는 걸 모른다는 건 문제였습니다. 어머니 역시 어떤 연결고리를 찾아야만 하는 만큼 이번에는 어머니의 과거 이야기를 들어보았습니다.

어린 시절, 잔소리가 많은 어머니와 말 없는 아버지 사이에서 자랐다고 합니다. 어머니는 아버지의 침묵을 깨기 위해 늘 소리를 지르곤 했습니다. 아버지가 돌아가실 때까지 다정하게 얘기해 본적이 몇 번 없을 정도라고 하더군요. 그 모습을 보며 자란 딸은 지금 무의식적으로 같은 패턴을 반복하고 있었습니다.

"남편분에게 아버지의 모습이 겹쳐 보이는 것 같습니다. 연애 시절에는 과묵한 점이 아버지를 닮아 오히려 편안하게 느껴졌을지 모르지만, 지금은 어릴 적 어머님의 모습과 똑같이 하지 않나요? 남편의 말 없는 모습에서 어릴 때 아버지에게 표현하지 못했던 감정이 섞이면서 그걸 쏟아내고 있는 것 같고요. 지금은 그 감정이 아이들에게도 전이되었습니다."

어머니는 나의 말에 맞다고 솔직하게 인정하면서 잠시 말을 잇지 못하며 고개를 떨구었습니다. 두 사람 모두 현재의 배우자와 싸우는 것이 아니라, 각자 마음속에 남아 있는 '과거의 부모'와 싸우고 있었다는 사실을 비로소 인지한 순간이었습니다. 문제의 원인을 찾는다는 것은 치료의 절반을 넘어가는 일입니다. 이 가족은 이제 그 지점을 막 통과했습니다.

마음의 대물림을 끊는 순간

결은 다르지만 두 분 모두 비슷한 상처를 가지고 있었습니다. 이 상처를 정확히 바라보기 위해 어린 시절을 재현하고, 빈 의자를 둔 다음, 각자 부모님께 하지 못했던 말을 표현하는 작업을 했습니다. 심리극을 통해 오래 눌려 있던 감정과 직면하면서 이들은 채우지 못했던 마음을 조금씩 드러내기 시작했습니다.

다음으로 내가 중간에 앉은 다음 각각 어머니와 아버지의 손을 잡고 마음의 소리를 대신 표현했습니다.

김 : (마음, 어머니를 바라보며) 네가 어린 시절로 가서 마음을 표
　　현하는 건 좋았지만, 그런다고 과연 달라질까? 너도 결국
　　엄마처럼 아이를 키울 거야. 너도 똑같이 네 엄마처럼 잔소
　　리 많이 할 거고, 아이한테 소리 지르고 윽박지를 거야. 아
　　이도 너와 같은 상처를 가진 채로 크겠지.
어 : 아니야. 그렇게 안 할 거야
김 : (마음) 결국은 내 말대로 될 거야. 다들 너처럼 아니라고 하
　　지만, 이런 마음을 버리지 못했거든. (아버지 쪽을 바라보며)

너도 마찬가지야. 너는 잔소리 많은 아버지의 모습이 싫어서 반대로 하고 있지만, 아이에게 아무런 표현도 하지 못해. 아이는 너의 그런 모습으로 상처받게 될 거야. 너희 둘은 이걸로 엄청나게 부딪힐 거고, 결국 너희 가족은 파탄 날 거야.

마음을 만난 뒤, 어떤 느낌인지 물었습니다. 두 사람 모두 생각이 많아진 듯 보였고, "자신의 마음을 분명히 들여다볼 수 있었다"고 말했습니다.

김 : 이런 가족이 너무 많습니다. 여기도 다르지 않아요. 똑같은 수순을 거쳐서 여기까지 왔고, 그 상처를 지금 아이들이 받고 있습니다. 특히 둘째가 굉장히 불안해 보여요. 이거 알고 계시죠?

버 : 네. 알고 있습니다.

김 : 그걸 알면서도 어머님은 소리 지르고, 아버님은 표현을 하지 않고 도망치고 있잖아요.

두 분이 이렇게 지지고 볶고 싸우는 통에 아이 마음을 들여다보지 않고 있습니다. 어머니는 집에서 혼자만 얘기한다고 하지만 이건 소통이라기보다 일방적인 분노 표현 같습니다. 혹시 두 분 이혼 생각은 안 하셨어요?

어 : 솔직히 여러 번 했어요. 그래도 아이 때문에 차마 그렇게는
　　못 하겠더라고요.

김 : 그렇게 끔찍하게 아이 생각하는데, 정작 아이가 상처 받고
　　있습니다. 이혼을 안 하더라도 이런 방식으로 계속 산다면
　　그게 무슨 의미가 있겠습니까.

　어머니는 눈물을 흘렸고, 아버지는 고개를 숙인 채 말없이 고개를 끄덕였습니다. 나는 아이의 손을 잡고 마음을 표현하도록 도왔습니다. 두 부모는 차례로 아이의 손을 잡고, 진심을 담은 미안함과 노력의 약속을 전했습니다. 이제는 각자의 욱하는 마음, 분노하는 마음, 회피하고 도망치는 마음과 이별할 때입니다. 나는 다시 중간에서 두 사람의 손을 잡고 마음속 대화를 이어갔습니다.

김 : (마음, 아버지를 바라보며) 넌 어차피 나 못 버릴 거고 언제나
　　익숙한 방식으로 나를 찾을 거야. (비아냥대며) 흐흐흐 역시
　　넌 안 된다니까. 딱 여기까지잖아. 네 아내한테도 갔다 올게.
　　(아내를 바라보며) 왜 울어. 뭘 느꼈어? 느낀다고 되는 게 아
　　냐. 저 사람 안 바뀔 거고 너도 안 바뀌어. 저 사람이 바뀌
　　어야 네가 바뀌는 거야. (소리 지르며) 뭘 울어! 울지 말고
　　그냥 하던 대로 소리나 질러! 또 윽박질러! 애들한테도 그
　　렇게 하라고!

이 마음들을 만나봤는데 어떠셨어요?

버 : 제 마음이 밖으로 나온 것 같습니다. 그동안 이 마음을 인
지하지 못하고 휘둘렸다는 걸 깨달았습니다.

김 : 두 분 다 성장 과정과 관련한 부분이 영향을 미쳐서 여기까
지 오신 것 같습니다. 이 마음에 휘둘리지 말고, 내보내야
하지 않을까요?

(둘 모두 끄덕끄덕)

김 : 네. 좋습니다. 처음엔 탐탁지 않게 오셨지만 그래도 느낀
게 있으신 것 같습니다. 이제 서로 노력해서 이 마음과 이
별하시죠.

중간에 있던 내가 빠진 후 어머니와 아버지에게 양손을 서로 잡
게 하고, 대화를 나누게 했습니다.

버 : 당신한테 미안해. 당신이 얘기하는 게 엄마가 잔소리하는
걸로 느꼈다는 걸 알았어. 그동안 소리만 지르게 해서 미안
하고 이제 당신과 대화도 많이 하고, 아이들과도 잘 놀아줄게.

어 : 나도 오빠한테 아빠 모습을 본 것 같아. 답답해서 소리를
더 많이 질렀던 것 같아. 나도 그러지 않도록 노력할게. 그
리고 너무 몰아붙이거나 하지 않을게.

나는 마지막 당부를 전했습니다.

"두 분이 성향이 다르니, 어머님은 말하기 전에 남편이 말할 수 있게 조금만 더 기다려 주시고, 아버님은 아내를 너무 오래 기다리게 하지 말고 먼저 표현하려 해보세요. 상담을 하다 보면 정말 심각한 사례도 많습니다. 두 분 정도면 큰 문제는 아니라고 생각합니다. 이 정도만 노력해도 충분히 좋아질 수 있습니다."

심리극 상담이 끝났을 때, 처음 무뚝뚝하게 앉아 있던 아버지는 여러 번 고개를 숙이며 고맙다고 인사했습니다.

이번 가족의 문제는 겉으로는 '말이 없는 남편'과 '말이 많은 아내'의 충돌처럼 보였지만, 뿌리는 훨씬 깊었습니다. 두 사람은 어린 시절 부모와의 관계에서 형성된 상처를 그대로 품은 채 어른이 되었습니다. 그 상처가 부부 관계와 양육 방식에서 서로 다른 모습으로 반복되고 있었습니다. 과거의 패턴이 현재의 관계를 흔드는 전형적인 모습이었지요.

심리극을 통해 두 사람은 처음으로 '마음을 움직이는 진짜 원인'과 마주했습니다. 누군가를 탓하거나 변명하는 방식이 아니라, 자신 안에 자리 잡은 감정의 흔적을 직접 보고 느꼈다는 점에서 의미가 깊었습니다. 무엇보다 두 분이 서로의 마음을 인정하고, 아이에게 미안함을 전하며, '이전의 방식과는 다른 선택'을 약속했다는 점이 긍정적이었습니다.

가정에서 대화가 멈추면 정서는 서서히 메말라갑니다. 그러나 대화가 다시 시작되면, 아주 작은 말 한마디도 분위기를 바꾸는 씨앗이 됩니다. 이 가족은 문제의 핵심을 정확히 보았고 서로의 마음이 닿았습니다. 가족은 완벽해서 유지되는 공동체가 아닙니다. 조금씩 배우고, 조금씩 바꾸고, 서로를 향해 다시 걸어갈 때 더욱 단단해집니다.

3

마음 만나기

나의 어린 시절 돌아보기

· 어린 시절, 부모와의 소통에 상처받거나 힘들었던 적이 있나요?

· 그때 나는 주로 어떤 방식으로 분위기를 살폈나요?

(눈치 보기, 침묵, 방으로 들어가기, 혼자 해결하기 등)

· 그 장면에서 느꼈던 내 감정과 몸의 느낌을 적어보세요.

(긴장, 답답함, 불안, 혼자라는 느낌, 가슴 답답함 등)

· 그 시절의 내가 부모에게 듣고 싶었던 말은 무엇이었나요?

지금의 양육 태도 점검하기

· 최근 한 달 동안, 아이가 말을 걸거나 감정을 표현하려 할 때 내가
충분히 응답하지 못하고 대화를 피하거나 끊어낸 순간은 언제였나
요? 그 상황을 구체적으로 적어보세요.

· 그때 내 안에서 올라온 감정은 무엇이었나요? (귀찮음, 바쁨, 부담감, 불안, 무력감, 회피하고 싶은 마음 등)

내 감정·트리거 들여다보기

· 아이가 말을 길게 하거나 감정을 표현할 때 내 안에서 올라오는 부정적인 반응은 무엇인가요?

· 이 반응은 아이 때문인가요, 아니면 내가 자라온 대화 방식과 닮아 있나요?

· 나는 언제 그리고 왜 침묵을 선택하나요?

예시) 갈등이 생길까 봐, 말하면 일이 커질 것 같아서, 감정을 드러내는 게 어색해서,
　　　내가 틀릴까 봐, 할 말이 없어서

· 그 침묵은 아이를 보호했나요, 아니면 아이를 더 혼자 두었나요?

아이의 목소리 듣기

아이에게 물어보세요. 그리고 아이의 말을 그대로 적어보세요.

"엄마/아빠가 말을 안 해서 네가 더 혼자인 것 같았던 적 있어?"

"엄마/아빠한테 말하고 싶었는데, 멈춘 적이 있어?"

"그때 너는 어떤 기분이었어?"

· 앞으로 한 달 동안, 아이가 말을 걸었을 때 어떻게 반응할지 미리 적어보고, 꾸준히 실천해 보세요.

예시) "그랬구나." "그때 기분이 어땠어?" "좀 더 말해줄래?"

· 하루에 아이와 감정이 담긴 대화 3분을 목표로 정하세요.

예시) 하루 있었던 일을 아이와 주고받겠다, 아이와 함께 있을 때 사진을 찍은 뒤 자기 전
에 함께 이야기 하겠다, 오늘 읽었던 책 얘기를 함께 나누겠다.

한 달 후 점검하기

· 지난 한 달 동안, 아이의 말을 피하고 싶었던 순간이 있었나요? 그때
예전과 다르게 선택한 행동이 있었나요?

· 아이의 표정이나 말투에서 달라진 점이 느껴졌나요?

· 앞으로 내가 지키고 싶은 대화의 원칙 한 문장을 적어보세요.

예시) 나는 아이의 말을 해결하려는 부모가 아니라, 아이의 마음에 먼저 응답하는 부모가
되겠다.

CASE. 8

사랑하지 않는 마음

1

상처가 짓누른 자리

세상 모든 아이에게 '엄마'라는 존재는 특별합니다. 엄마에게 아이도 마찬가지지요. 물론 육아는 부모가 함께 책임지는 것이 기본이지만, 신체적·정서적 경험에 의한 남성과 여성의 차이는 분명히 존재합니다. 여성은 자신의 몸을 통해 임신과 출산을 직접 경험합니다. 이 경험은 단순한 역할 수행을 넘어, 정체성과 감각, 기억 전반에 깊은 흔적을 남깁니다. 엄마에게 아이는 분리된 타인이기 이전에, 깊은 정서적 연결 속에서 인식되는 존재로 여겨지곤 합니다. 모성애의 근간이 바로 여기에 있습니다. 그래서 우리는 흔히 엄마의 사랑을 '조건 없는 사랑'이라고 말합니다. 아이가 어떤 모습이든, 어떤 성취를 이루든 상관없이 품을 수 있는 감정 말입니다.

그런데 이 당연해 보이는 감정이 전혀 느껴지지 않는다고 고백

하는 엄마들을 종종 만나게 됩니다. 임신했을 때부터, 혹은 아이를 낳은 이후에도 아이에 대한 애정이나 친밀감을 느끼지 못했다는 이야기입니다. 이런 마음은 당사자에게도 큰 혼란과 죄책감을 동반합니다. 하지만 지금까지 내가 상담 현장에서 만났던 경우들을 돌아보면, 이 감정의 이면에는 저마다 다르지만 분명한 이유와 맥락이 존재했습니다.

재혼을 앞둔 한 여성의 상처

결혼을 앞두고 상담실을 찾았던 한 여성분이 있었습니다. 이혼 전력이 있었고, 둘 사이의 아이는 전 남편이 맡아 키운다고 했습니다. 이후 재혼을 결심하게 되었는데 그 사람을 깊이 사랑했지만, 문제는 그에게 두 살 된 아이가 있다는 것이었습니다. 그분의 가장 큰 고민은 '아이를 키울 수 없을 것 같다'는 두려움이었습니다. 스스로 그 상황을 감당할 자신이 없다고 느꼈습니다.

상담 과정에서 이전의 결혼과 출산 경험을 자세히 묻자, 임신 이전까지는 특별한 문제가 없었다고 했습니다. 그러나 임신 사실을 알게 된 순간부터 설명하기 어려운 공포가 밀려왔다고 합니다. 아이를 기다리는 설렘 대신, 점점 커지는 두려움이 자신을 압도했습니다. 누구도 쉽게 이해할 수 없는 감정이기에 남편에게도, 친정 어머니에게도 쉽사리 털어놓을 수 없었습니다. 그저 괴로워하며 혼자 감당해야만 했습니다.

　아이를 낳으면 괜찮겠거니 생각했지만 출산 이후에도 달라지는 건 없었다고 합니다. 아이를 바라보며 느껴야 할 애정이나 기쁨 대신, 낯설고 이질적인 감각만이 남았습니다. 마치 낯선 동물을 마주하는 것 같은 기분이었습니다. 이 감정을 어찌할 바 몰라 아이가 울고 있는 와중에도 십 분이 넘도록 그저 물끄러미 바라보고만 있기도 했습니다. 이후 그는 마치 쫓기듯이 직장으로 '도망쳤고', 양육은 대부분 외할머니가 맡았습니다. 아이에게 다정한 말 한마디 건네지 못한 채 시간이 흘렀습니다.

　전 남편이 둘째를 원하면서 갈등은 깊어졌고, 아이 이야기가 나오기만 하면 예민해지는 자신을 스스로도 감당할 수 없었습니다. 결국 아이가 두 살 때 이들은 이혼에 이르렀습니다. 공교롭게도 재혼하려는 남성의 아이도 두 살이었죠. 이혼을 하면서 남편이 아이는 자신이 키우겠다고 했을 때 오히려 안도했습니다. 양육권을 '흔쾌히' 전 남편에게 넘겼습니다. 그때의 기분을 홀가분했다고 표현했습니다.

　나는 원인을 파악하기 위해 어린 시절의 성장 과정을 물었습니다. 알고 보니 이분은 중학교 3학년 때 성폭력을 당한 적이 있었습니다. 부모님이 하숙집을 운영하셨는데, 그곳에 머물던 한 대학생이 가해자였습니다. 처음에는 친절하게 대해주었고 그래서 자신도 따랐는데 어느 날 하숙집 안으로 데려가 폭력을 행사했다고 합니다. 너무 큰 충격과 두려움에 휩싸여, 그 사실을 누구에게도 말하지 못했습니다.

상담실에서 이 이야기를 꺼내며 한참을 울었습니다.

그 사건 이후 신체에도 변화가 나타났습니다. 배가 점점 불러왔지만 병원을 찾지 않았기에 임신인지조차 정확히 알지 못하는 상태였습니다. 어떻게 해야 할지 몰라, 일부러 계단에서 굴러떨어지기도 하고, 산에 올라가 자신의 배를 주먹으로 때리는 극단적인 행동을 반복했습니다. 스스로를 해치기 위한 선택이 아니라, 공포에서 벗어나기 위한 유일한 몸부림이었을지도 모릅니다. 고작 중학생이 감당하기에 그 두려움은 너무 컸고 또 잔혹했습니다. 그러다 5~6개월 무렵 심한 하혈을 하며 많은 피를 쏟았고, 그 이후로 신체적 증상은 가라앉았다고 합니다. 몸과 기억에 각인된 공포를 잊고 살아가고 있다고 믿었지만, 실은 삶의 바닥에 고스란히 남아 있었습니다.

"임신이 당시의 공포스러웠던 감정을 다시 불러온 것 같습니다. 그래서 아이를 있는 그대로 바라보기보다, 아이를 매개로 그때의 두려움과 불안을 다시 경험하고 있었습니다."

결국 이분께서는 아이를 향한 감정이 온전히 아이에게 머무르지 못하고, 아이를 매개로 과거의 두려움과 불안에 반응하고 있었던 것입니다. 그 설명을 듣고는 한동안 말을 잇지 못한 채 울었습니다. 자신의 감정이 이해받을 수 없는 결함이 아니라, 오래전 해결되지 못한 상처와 연결되어 있다는 사실을 처음으로 받아들이는 시간이었습니다.

또 다른 사례도 있습니다. 이 여성은 어린 시절 부모의 잦은 다툼과 이혼 속에서 성장했습니다. 늘 외로웠고, 안정감을 느껴본 적이 없다고 표현했습니다. 그래서 성인이 된 후에 평생 독신으로 혼자 살겠다고 마음먹었습니다. 그러나 삶은 가끔 예기치 않은 변화구를 던지는 법이라, 사랑하는 사람을 만났고 결혼까지 하게 되었습니다. 결혼을 앞두고 이분이 남편에게 바랐던 조건은 단 하나였습니다. '아이는 낳지 않겠다.'

그러나 예상치 못한 임신을 하게 되었고, 이것은 그녀에게 축복이 아니라 두려움으로 다가왔습니다. 태동을 느낄 때조차 기쁨보다는 불쾌감이 앞섰고, 출산 이후에도 아이에 대한 애정은 생기지 않았습니다. 아이가 울어도 돌보고 싶지 않았고, 남편에게 모든 양육을 떠넘기려 했습니다. 이 문제는 곧 부부 갈등으로 이어졌고, 그녀는 아이뿐 아니라 남편에게도 정서적으로 등을 돌리게 되었다고 말했습니다.

이 두 사례는 공통된 메시지를 담고 있습니다. 모성애가 본래 존재하지 않았다기 보다, 과거의 상처가 그 감정을 압도하면서 가로막고 있었다는 점입니다. 깊은 곳에는 분명 아이를 향한 애정의 가능성이 있지만, 해결되지 않은 공포와 상처가 그것을 짓누르고 있는 상태인 것입니다.

물론 모든 사람이 임신과 동시에 아이에 대한 사랑을 느끼는 것은 아닙니다. 많은 경우 양육의 과정 속에서 서서히 애정이 자라납니다. 그러나 시간이 지나도 그 감정이 전혀 생기지 않는다면, 혹시 어떤 상처가 애정을 차단하고 있는 것은 아닌지 점검할 필요가 있습니다.

모든 사람이 반드시 부모가 되어야 하는 것은 아닙니다. 아이를 낳지 않기로 선택하거나, 다른 삶의 방식을 택하는 것도 당연히 존중받아야 합니다. 그러나 이미 아이를 낳았다면, 상황이 어떠했든 그 생명에 대한 책임은 회피할 수 없습니다. 상처 속에서 아이를 바라보면, 그 상처만 더 깊어질 뿐입니다.

어떤 여성이든 엄마가 되고 싶지 않은 마음을 가질 수 있습니다. 그러나 혹시라도 아이를 임신했거나, 부모가 되었다면 그 마음의 배경에 있는 상처를 외면한 채 아이를 대할 수는 없습니다. 해결되지 않은 상처는 관계 속에서 반복될 뿐입니다.

부모라면 그 상처를 직면해야만 합니다. 그 책임을 회피하지 않고 감당해 나갈 때, 우리의 감정은 예상하지 못했던 방향으로 움직이기도 합니다. 아이의 성장과 변화 속에서 자신이 잃어버렸던 감각과 다시 연결되는 경우도 적지 않습니다. 사랑이 느껴지지 않는다면 책임으로 시작해도 괜찮습니다. 부모가 되었다는 사실, 그 책임을 다하는 과정 자체가 결국 아이를 살리고, 자신도 치유하는 길이 될 수 있습니다.

2

심리극 사례 12 - 아이를 떠나보내는 자리

대화 앞에서 멈추는 가족

종종 종교단체나 보육원, 보호관찰소 같은 곳에서 심리극 의뢰가 오는 편입니다. 이런 곳은 특히 상담이 절실한 분들이 많아, 일정이 허락하는 한 거절하지 않고 방문하려고 합니다. 그중에서도 미혼모 시설은 늘 마음이 무겁습니다. 두 아이를 키우는 부모이기 때문인지도 모르겠습니다. 그곳에는 청소년부터 성인까지, 각자의 사연을 안고 살아온 다양한 연령대의 여성들이 있습니다.

그곳에서 만났던 한 고등학교 2학년 학생은 남자친구와의 사이에서 원치 않은 임신을 했습니다. 이 사실을 알리자 남자친구는 냉정하게 떠났고, 부모에게는 그 사실을 말하지 못한 채 시설로 들어온 상태였습니다. 부모는 여전히 가출한 줄로만 알고 있다고 했습니다. 그 나이에 낙태를 선택하지 않은 이유를 이렇게 말했습니다. "제가 엄마니까요." 그 낯선 공간에서, 남편도 보호자도 없이 출산을 앞둔 마음이 어떠할지 짐작조차 쉽지 않았습니다.

미혼모 시설에서는 출산 직후 해외 입양을 선택할 수 있습니다. 그 학생 역시 그런 제안을 받았지만, 끝내 거절했습니다. 아이는 자신이 키우고, 출산 후에 부모에게 사실을 알리겠다고 했습니다. 그런 이야기를 들을 때마다 마음이 아프면서도, 적어도 이들이 해결되지 않은 상처를 그대로 안고 살아가지 않도록 내가 할 수 있는 역할을 끝까지 해야겠다고 다짐하게 됩니다.

그 시설에서 만나 심리극 상담을 진행했던 또 한 명의 여성은 스물네 살이었습니다. 이분 역시 성폭력으로 인한 원치 않은 임신을 한 경우였습니다. 어린 시절 아버지를 일찍 여읜 뒤 가장 의지해 왔던 작은아버지가 가해자였습니다. 처음에는 용돈을 챙겨주고, 집안 문제를 도와주며 보호자처럼 행동했다고 합니다. 그러나 술에 취한 날, 그 신뢰는 폭력이 되었고 이후 요구가 반복되었습니다. 그것은 노골적이고 집요했습니다. 평소엔 친절하지만 요구를 들어주지 않으면 옷을 찢어버리고, 자신이 비참해질 만큼 폭력적으로 변했습니다. 그렇게 결국 임신을 하고 말았습니다.

스물네 살이면 대학을 막 졸업했을 나이입니다. 어떻게 대응해야 할지, 누구에게 도움을 청해야 할지 알기 어려웠을 것입니다. 그나마 믿고 의지했던 유일한 어른이 가해자였다는 사실은 이 상황을 더 깊은 절망으로 몰아넣었습니다. 차일피일 결정을 미루다 그만 낙태 가능 시기도 지나버렸습니다. 이분에게 임신은 축복은커녕 공포 그 자체였습니다. 임신했다는 사실 자체도 받아들이기 힘들어했고, 출산 이후에는 아이를 곧바로 입양 보내기로 이미 결정한 상태였습니다. "빨리 아이를 낳고, 입양을 보내고, 내 삶으로 돌아가고 싶다"고 무덤 덤하게 말했습니다.

심리극 상담 내내 그는 자신의 이야기를 감정 없이 담담하게 풀 어냈습니다. 마치 이미 마음을 닫아둔 사람처럼 보였습니다. 그러나 나는 그 마음 깊은 곳에, 아주 미세한 감정의 흔적이라도 남아 있지 않을까 생각했습니다. 그것은 이 아이를 붙잡기 위해서가 아니었습니다. 앞으로 그의 삶에서 결혼과 임신, 출산이 오직 공포와 혐오의 기 억으로만 남지 않기를 바라는 마음이었습니다.

김 : 이미 입양이 결정되었다면, 아이에게 따뜻한 말 한마디 건
    네지 못한 채 다시는 보지 못할 수도 있습니다. 지금 이 빈
    의자에 앞으로 태어날 아기가 앉아 있다고 생각하고, 엄마
    로서 해주고 싶은 말을 해보시겠어요?
어 : (고개를 숙인 채 한참 동안 아무 말도 하지 않다가, 조심스럽게⋯)
    엄마가 미안해. 나는 엄마 자격이 없어. 나 이해해 줘. 너를
    버린 나쁜 사람이라고 생각해도 돼. 다른 데서 좋은 사람
    만나. 엄마는 너를 키울 자격이 없는 사람이야.

그 말은 다정하지도, 희망적이지도 않았습니다. 그러나 분명 '엄마의 자리'에서 나온 말이었습니다. 이후 한참을 말없이 있다가, 나에게 조용히 물었습니다.

어 : 나중에 아이가 저를 찾을 수도 있을까요?

김 : 그럴 수도 있겠지요.

어 : 그럼… 제가 그 아이를 만나도 될까요? 그런 자격이 있을까요?

김 : 그건 어머니의 선택이죠. 지금 입양 보내는 것도 선택이고요.
　　 잘했다, 잘못했다 이런 건 없습니다.

상담이 끝날 무렵 그는 말했습니다. "아마 저는 다른 사람을 만나 평범하게 살 수 없을 것 같아요." 나는 그것 역시 하나의 선택이라고 답했습니다. 지금은 그렇게 느껴질 수 있지만, 언젠가 마음이 달라질 수도 있다고, 그리고 그때 임신과 출산이 공포가 아니라 자신의 선택으로 맞이하는 순간이 되기를 바란다고 말해 주었습니다. 이 심리극은 아이를 붙잡기 위한 상담이 아니었습니다. 이 여성의 삶에서 '임신'이라는 경험이 영원한 공포로 굳어지지 않도록, 아주 짧은 순간이나마 다른 감각을 남기기 위한 자리였습니다.

3

심리극 사례 13 – 미워진 아이의 자리

사랑이 사라졌다고 느낀 엄마

부모와 자녀가 함께하는 가족 캠프에서의 일입니다. 짧은 강연을 마친 뒤, 빈 의자를 앞에 두고 말했습니다.

"심리극 상담을 원하는 분이 있으면 나오셔서 이 의자에 앉으면 됩니다. 누구든지 자발적으로 나오신다면 그분이 주인공입니다."

잠시 망설이던 끝에 한 부부가 손을 들었습니다. 초등학교 1학년 딸을 키우는 어머니였습니다.

"이런 이야기를 해도 될지 모르겠지만요. 아이를 사랑하는 마음
이 사라진 것 같아요. 제가 엄마 자격이 있는지도 모르겠어요."

옆에 있던 남편도 말없이 고개를 끄덕였습니다. 두 사람 모두 이
상황을 이미 인지하고 있는 것 같았습니다. 언제부터 그랬는지 묻자,
처음에는 아니었다고 했습니다. 아이가 태어났을 때나 그 이후에도
예쁘고 사랑스러웠다고 합니다. 그런데 아이가 네다섯 살 무렵부터
갑자기 이유 없이 미워지기 시작했고, 그 감정이 시간이 지나도 사라
지지 않았습니다.

물론 그 시기의 아이는 일반적으로 짜증을 많이 내고 고집이 세
집니다. 순간적으로 버거운 감정을 느끼는 부모도 많습니다. 그러나
이 어머니가 말한 감정은 일시적인 분노나 피로와는 달랐습니다. 정
이 떨어지고, 가까이하기 싫고, 마음이 닫혀버린 상태가 초등학교에
들어갈 때까지 이어졌다고 했습니다. 그 결과 아이가 말을 걸어와도
차갑게 반응하기 일쑤였습니다.

"아빠랑 이야기해. 엄마는 해줄 말 없어."

그러고는 방으로 들어가 문을 닫아버리는 일이 반복되었습니다.

"저도 이러고 싶지 않은데 자꾸 이렇게 돼요. 왜 이런 마음이

생기는 걸까요?”

남편은 그럼에도 아이가 계속 엄마에게 다가가려 하고, 사랑받고 싶어 하는 것이 너무 안타깝다고 말했습니다. 그런 모습을 볼수록 아내의 태도가 너무 냉정하게 느껴진다고도 했습니다. 부부는 이 문제로 자주 다퉜고, 그 과정에서 “아이가 싫고, 밉다”고 말하는 것을 아이가 들은 적도 있었습니다. 아이에게는 지워지지 않을 상처가 되었을 것입니다. 이 많은 사람들 앞에서 이런 이야기를 꺼낸다는 것 자체가, 이 부부가 얼마나 이 문제를 해결하고 싶어 하는지를 보여주고 있었습니다.

아이가 아니라, 과거가 다시 나타난 순간

이 어머니의 성장 과정을 물었습니다. 여섯 남매 중 맏딸이었는데, 부모님이 늘 바쁘셔서 열두 살 무렵부터 사실상 엄마 역할을 도맡아야 했습니다. 그때 막내는 네 살, 다섯째 동생은 다섯 살이었습니다. 고집이 세고 말을 듣지 않아 늘 힘들었다고 했습니다. 그런데 동생들에게 짜증을 내거나 혼을 내면, 어머니는 이렇게 말하곤 했습니다.

“어린애를 네가 챙겨줘야지. 애가 뭘 안다고 그렇게 쥐 잡듯 잡니? 너도 정말 못됐다.”

자신도 아직 아이였던 만큼 이런 말들은 감당하기 쉽지 않았습니다. 돌봄의 책임은 당연한 것으로 여겨졌고, 그 힘듦은 위로받지 못했습니다. 그 기억이 상처로 남았습니다. 공교롭게도, 그때 막냇동생이 네 살이었고, 지금 자신의 딸도 네 살 무렵부터 미워지기 시작했다는 사실을 이 어머니는 미처 생각하지 못하고 있었습니다. 나는 그 연결고리를 조심스럽게 짚어주었습니다.

"아이를 미워하신 게 아니라, 그때 네 살이었던 동생이 미웠던 겁니다. 그 마음이 지금 아이에게 옮겨간 것 같아요."

나는 이 한마디를 했을 뿐인데, 어머니가 갑자기 눈물을 흘렸습니다. 이유를 알 수 없어 괴롭기만 했던 감정의 출처를 처음으로 이해한 표정이었습니다.

"열두 살이면 아직 아이인데, 얼마나 부모님께 사랑받고 싶으셨겠습니까. 그때 '너도 힘들 텐데 동생 잘 챙겨줘서 고맙다'는 말 한마디만 들었어도 상황은 많이 달라졌을 겁니다."

남편 역시 이 이야기를 처음 듣는 눈치였습니다. 아내는 그동안 이런 이야기를 꺼내지도 못했고, 스스로 당연한 일이라고 여겨온 것 같았습니다.

역할을 바꾸자 보이기 시작한 마음

이 어머니가 딸의 마음을 조금 더 깊이 느껴볼 수 있도록 역할 바꾸기 심리극을 진행했습니다. 어머니가 딸 역할을 맡고, 내가 엄마 역할을 했습니다.

> 어 : (딸 역할) 오늘 학교에서 받아쓰기 했는데, 하나 빼고 다 맞
>
> 았어!
>
> 김: (엄마 역할) 알았어. 들어가. 아빠한테 가서 말해. 남들 다 맞
>
> 히는 거 그거 뭐라고.

딸 역할을 하는 동안에도 어머니의 감정이 여러 차례 흔들리는 것이 느껴졌습니다. 딸의 자리에 서 보니, 말 한마디의 차이가 얼마나 큰지 몸으로 느끼는 것 같았죠. 다음으로는 어린 시절로 돌아가, 자신의 엄마에게 하고 싶었던 말을 꺼내보는 장면을 진행했습니다.

> 어 : (어린 시절)동생이 짜증 내고 그러면 엄마가 나 좀 위로해
>
> 주면 안 돼?
>
> 김 : 우리 딸, 늘 동생 챙겨줘서 고마워. 많이 힘들지. 그래도 네
>
> 가 있어서 엄마는 참 든든했어. 사랑한다.

그동안 받지 못했던 인정과 위로를 그 자리에서 다시 경험하도

록 했습니다. 마지막으로, 현재의 부정적인 마음을 의인화해 마주했습니다.

김 : (마음) 아우~~ 싫어. 정말 싫어. 재는 옆에 오지도 말라고 해. 방에 들어가라고 해. 아빠랑 얘기하라고 해. 얼마나 사람 피곤하게 하니? 지금도 그래. 옛날에 그때 생각해 봐. 동생이 짜증 내고 힘들었던 거 생각해 봐. 애는 쳐다보지도 말고 물어보면 그냥 대충 얘기해. 너 잘하잖아. 미워 미워. 정말 미운 애야.
이 마음 아직 있어요? 이제 찾지 않을 수 있겠어요? 그런 결심이 들면 큰 소리로 나가라고 얘기해 보세요.

어 : 너 필요 없어! 나가! 이제 미운 마음 떨쳐 냈어. 나는 이제 최선을 다해서 우리 딸 사랑해 줄 거야!

현장을 지켜보던 사람들 또한 이 부부를 진심으로 응원해 줬습니다. 상담을 마치면서 나는 이렇게 덧붙였습니다.

"앞으로도 이런 마음은 다시 올라올 수 있습니다. 중요한 건 그때마다 알아차리고, 휘둘리지 않는 연습을 하는 겁니다. 마음의 노예가 되지 않겠다고 매일매일 결심하셔야 합니다."

나는 이 어머니의 양육 태도가 달라질 수 있으리라 확신했습니다. 감정이 좋아졌기 때문이 아니라, 자신의 상처를 아이와 분리해 바라볼 수 있게 되었기 때문입니다. 아이가 미운 존재가 아니라, 과거의 자신이 아직 풀리지 않은 채 남아 있었다는 사실을 알아차린 순간 시선과 마음은 달라질 수밖에 없습니다. 양육은 감정으로만 이루어지지 않습니다. 무엇이 내 감정이고, 무엇이 아이의 몫인지를 구분해 내는 힘에서 시작됩니다. 이 어머니는 그 경계를 처음으로 분명히 밟았습니다.

맺음말

이 책을 통해 내가 하고 싶었던 말은 분명합니다. 자신의 양육 태도를 돌아보라는 것, 그 과정에서 불편함이나 문제를 발견했다면 그다음에는 반드시 '마음'으로 들어가야 한다는 것입니다.

우리는 종종 생각으로만 자신을 이해하려 합니다. 왜 화가 나는지, 왜 같은 장면에서 반복해서 흔들리는지를 분석합니다. 그러나 생각에만 머무른 성찰은 결국 같은 선택으로 돌아오기 쉽습니다. 마음까지 닿지 못한 이해는 행동을 바꾸지 못하기 때문입니다.

그래서 이 책은 심리극 상담 장면을 불러오면서 계속해서 과거로 돌아갔습니다. 어린 시절과 청소년기, 그리고 지금의 나를 하나의 흐름으로 이어 보자고 말해왔습니다. 어린 시절에 충분히 다뤄지지 못한 마음은 형태를 바꿔 지금의 관계 속으로 다시 나타나기 때문입니다. 그 연결고리를 알아차리는 순간, 선택의 방향은 달라질 수 있습니다. 아이를 고치려 애쓰는 대신, 내 안에서 아직 해결되지 않은 감정이 무엇인지 알게 됩니다.

지금 당신이 이 맺음말을 읽고 있다면, 이제 시간을 내어 자신의 성장 과정을 살펴볼 것을 권합니다. 많은 사람이 자신의 어린 시절과 청소년기 그리고 현재의 삶을 서로 다른 장면처럼 분리해서 봅니다. 그러나 삶은 분절되어 있지 않습니다. 어린 시절의 경험은 청소년기를 거쳐 현재의 관계 안으로 이어집니다. 그 연결고리 속에서 아직 해결되지 않은 감정이 있는지, 나의 상처는 무엇인지, 충분히 표현되지 못한 마음은 무엇이었는지를 찾는 노력이 필요합니다. 그리고 그 마음이 지금 아이와의 관계에서 어떻게 다시 나타나고 있는지를 살펴보아야 합니다. 이것이 '좋은 부모가 되기 위한 성찰'의 핵심입니다.

물론 이 작업은 쉽지 않습니다. 잊고 지내던 기억, 아주 고통스러운 감정을 다시 마주해야 할 수도 있습니다. 그러나 해결되지 않은 상처를 피한 채로는, 아이 앞에서 달라진 모습을 오래 유지하기 어렵습니다. 진짜 변화는 의지가 아니라 마음에서 시작되기 때문입니다.

이 책을 덮는 순간, 당신의 양육이 당장 달라지지 않아도 괜찮습니다. 다만 다음에 아이에 대한 부정적인 감정이 왔을 때, '이 아이가 왜 이럴까?' 대신 '내 마음에서 지금 무엇이 움직이고 있을까?'라고 물어볼 수 있기를 바랍니다.

나는 해답이 아니라 질문을 남기고자 했습니다. 그 질문이 오늘

이 아니라도, 언젠가 문득 떠오른다면 그것으로 충분합니다. 마음은 천천히 움직이지만, 한 번 흔들린 질문은 오래 남아 삶의 방향을 조금씩 바꿉니다.

당신이 이 책을 덮고 난 뒤에도,
그 움직임이 멈추지 않기를 바랍니다. 분명히 그럴 수 있을 거라고 믿습니다. 나도 당신도 부모이기 때문입니다.

아래 질문들은 정답을 찾는 것이 아닙니다. 나의 현재를 구성하는 과거의 연결고리를 찾고 마음으로 들어가 변화하기 위한 노력입니다. 가능하다면 노트를 한 권 꺼내 이 질문들에 관해 찬찬히 생각하고 적어보세요.

지금의 나 돌아보기

· 내가 아이에게서 자주 놓치고 있는 것은 무엇인가요?

· 반복해서 후회하는 나의 양육 장면이 있다면, 그때의 상황과 감정을 그대로 적어보세요.

삶의 흐름 돌아보기

· 나의 첫 기억부터 어린 시절, 청소년기, 그리고 지금에 이르기까지
  주변 사람들과의 관계를 중심으로 내가 지나온 삶을 적어보세요.
· 그 시기마다 가장 많이 느꼈던 감정은 무엇이었나요?

연결고리 찾기

· 지금 아이와의 관계에서 힘들게 느껴지는 감정은, 나의 과거 어떤
  경험과 닮아 있나요?
· 그때 내가 충분히 표현하지 못했던 마음은 무엇이었나요?
· 지금 내가 아이에게 충분히 표현하지 못하는 마음은 또 무엇인가요?

그리고 남은 두 개의 질문

① 나를 위한 결심

지금 이 순간, 나 자신을 위한 결심을 적어보세요.

예시) 감정을 억누르기보다, 내 마음을 알아차리겠다.

늘 참아온 나를 멈추게 하고, 나의 상처를 먼저 돌보겠다.

완벽한 부모가 되려는 마음을 내려놓고, 솔직한 나로 서겠다.

부모라는 역할을 잠시 내려놓고 온전히 자신을 바라보세요.

② 부모로서의 선택

그렇다면 이번에는 부모로서의 결심을 적어보세요.

예시) 아이의 행동을 고치려 하기보다, 아이의 감정을 먼저 살피겠다.

내 감정을 아이에게 맡기지 않겠다.

사랑이 바로 느껴지지 않더라도, 책임 있는 어른으로 아이 곁에 남겠다.

이 질문들에 대한 답은 길지 않아도 괜찮습니다. 한 문장이면 충분합니다. 이 한 문장이 앞으로의 양육을 바꾸는 기준이 될 것입니다. 그리고 이 두 선택은 분리되어 있지 않습니다. 나를 돌보는 선택은 결국 아이를 지키는 선택으로 이어집니다.